U0313412

油膜轴承结合强度理论

王建梅　著

北　京

冶 金 工 业 出 版 社

2019

内 容 简 介

本书阐述了油膜轴承结合强度理论研究，涉及应力场理论算法推导、分子动力学模拟、宏微观试验验证等。本书共分 13 章，分别介绍了油膜轴承的相关知识，提出了界面端和界面角点应力场的理论算法，研究了衬套和轴承座装配应力对衬套受力的影响，建立了轴承结合界面分子动力学模型，分析了合金层厚度等因素对界面结合能的影响，进行了双金属破坏强度试验、结合强度影响因素探究试验以及结合界面微观组织观察试验等。

本书可为工程应用提供知识服务和技术指导，可供从事机械设计及理论研究的科技人员参考，亦可供高等院校机械类专业师生阅读。

图书在版编目（CIP）数据

油膜轴承结合强度理论／王建梅著. —北京：冶金工业出版社，2019.12
ISBN 978-7-5024-8284-8

Ⅰ.①油…　Ⅱ.①王…　Ⅲ.①油膜—轴承—强度理论
Ⅳ.①TH133.3

中国版本图书馆 CIP 数据核字（2019）第 263089 号

出 版 人　陈玉千
地　　址　北京市东城区嵩祝院北巷 39 号　邮编　100009　电话　（010）64027926
网　　址　www.cnmip.com.cn　电子信箱　yjcbs@cnmip.com.cn
责任编辑　李培禄　常国平　美术编辑　彭子赫　版式设计　禹　蕊
责任校对　石　静　责任印制　李玉山
ISBN 978-7-5024-8284-8

冶金工业出版社出版发行；各地新华书店经销；三河市双峰印刷装订有限公司印刷
2019 年 12 月第 1 版，2019 年 12 月第 1 次印刷
169mm×239mm；13 印张；251 千字；193 页
53.00 元

冶金工业出版社　投稿电话　（010）64027932　投稿信箱　tougao@cnmip.com.cn
冶金工业出版社营销中心　电话　（010）64044283　传真　（010）64027893
冶金工业出版社天猫旗舰店　yjgycbs.tmall.com
（本书如有印装质量问题，本社营销中心负责退换）

前　言

《中国制造2025》将"工业强基"作为五大重点工程之一；2016年，"工业强基工程"被纳入我国《十三五规划纲要》；同年，工信部发布的《工业强基工程实施方案》将核心基础件、关键基础材料等作为重点发展领域；2018年，科技部启动了国家重点研发计划"制造基础技术与关键部件"重点专项；同年，《政府工作报告》再次明确将全面推进"工业强基工程"。基础件是我国高端装备制造产业的关键组成部分，其设计质量和水平，直接关系到产品的性能和技术经济效益。

基础件是机械工业的根基，机械零部件设计则是机械工业的基础技术。科技成果要转化为有竞争力的新产品，我国设计人员要在产品设计方面赶超国际水平，必须掌握先进的设计理论与方法。金属基复合材料既是我国高端装备制造产业核心基础件的关键组成部分，也是关键基础材料发展的新方向，油膜轴承衬套复合材料属于典型的"工业强基工程"研究范畴。

本书的主要内容为：（1）介绍油膜轴承、巴氏合金的概念、类型、特点以及表界面、界面结合强度的定义；（2）系统论述复合材料结合界面的基础力学知识，涉及界面类型、界面奇异点类型、界面边界条件以及Dundurs参数和界面端应力奇异性指数的计算方法等；（3）根据实际工况，建立了巴氏合金与钢体结合界面之间的应力模型，得到油膜轴承实际承载的合应力以及峰值应力的函数解析式；（4）针对油膜轴承衬套的结构特点和实际受载情况，建立衬套界面端的完整应力场，分别计算有无镀锡层时界面端附近的最大主应力以及最大剪应力分布，分析巴氏合金层厚度对于界面端应力奇异性的影响；（5）针对油膜轴承衬套挂金结构抽象力学模型，计算不同挂金结构及尺寸参数对应的应力奇异性指数，研究有无镀锡层、挂金结构以及巴氏合金层厚度对于界面角点应力场的影响；（6）开展巴氏合金与钢体结合的轴承双金属抗拉强度试验，给出界面应力场和界面结合性能之间的定性关联；（7）提出巴氏合金结合界面影响因子的计算公式，通过相关试验研究材料相关参数以及影响因子关于巴氏合金占试件总体积比例的数学表达式；（8）设计不同厚度镀锡层试验，提出镀锡层厚度关于镀锡温度、时间、搪锡次数、结合界面粗糙度的关系式；（9）对理论计算值、模拟值、试验值进行对比分析，得到可用于油膜轴承巴氏合金与钢体界面结合强度理论计算的方法；（10）研究挂金形状对于衬套结合性能的影响，分析巴氏合金层厚度对于衬套应力的影响；（11）基于分子动力学的基本理论和原理，建立衬套结合界面模型，从分子角度分析不同厚度巴氏合金层对于界面结构结合能的影响；（12）通过微观试验，得到结合界面的微观组织、元素分布以及元素质量分布；（13）对不同中间层、厚度、温度和基体材料的模型进行模拟分析，得出不同情况下的界面结合能。

　　本书介绍的油膜轴承结合强度理论属于机械零件基础理论研究范畴。通常结合强度是指通过试验等方法得出来的结合面被破坏的数值结果，但在实际使用中发现试验结果数值较高的工件不一定具有较好的结合性能。国家自然科学基金委和中国科学院联合将"机械表界面效应及其跨尺度行为"和"摩擦表面能量耗散机制与有效利用原理"列为机械工程学科领域需要解决的两个重要科学问题，开展多尺度下的基础件研究是机械与制造科学发展的重要趋势。本书从宏、微观层面和分子层面研究油膜轴承结合性能，宏观层面提出结合界面端和界面角点的应力场的算法以及力学试验；微观层面通过微观试验得到结合界面的微观组织、元素分布以及元素质量分布，对结合机理有了比较清晰的认知；从分子动力学层面研究了界面结合能的影响因素以及最优的复合材料配比。从多尺度层面论述了油膜轴承结合强度，为开展油膜轴承表界面科学研究与基础件新产品研发提供了科学依据。

本书从宏-微-纳层面对油膜轴承结合强度理论进行了论述，注重理论知识与试验、现场生产实际相结合，各章节各有侧重又互成体系，做到了理论知识的连贯性，是作者所在课题组成员多年来科学研究成果的结晶。本书是《油膜轴承蠕变理论》（冶金工业出版社，2018）以及《油膜轴承磁流体润滑理论》（冶金工业出版社，2019）著作的系列篇，是对现代油膜轴承理论与技术的进一步发展。

本书出版的目的旨在为读者提供油膜轴承结合强度的理论知识及界面结合性能的判断依据，系统研究了油膜轴承衬套复合材料的结合强度，计算油膜轴承衬套复合材料的界面端、界面角点应力场；从分子动力学角度对结合界面的结合能进行分子层面的模拟研究，从试验角度对复合材料结合强度的影响因素进行探究，形成了油膜轴承结合强度理论，发展了现代油膜轴承理论，可为工程应用提供足够的知识服务和技术指导。同时，可供从事机械设计及理论研究的科技人员参考，亦可供高等院校机械类专业师生阅读。

　　借本书出版之际，向资助本书出版的国家自然科学基金资助项目（51875382）、山西省重点研发计划（指南）项目（201803D421103）和太原重型机械装备协同创新中心（1331 工程）专项资助表示由衷的感谢，并向在攻读硕士研究生期间共同完成本书内容的王尧、张笑天、麻扬、孟凡宁、夏全志、姚坤所做出的贡献，表示衷心感谢！封面图片由太原重型机械集团油膜轴承分公司提供，在此一并表示感谢！创新之作，限于作者的水平，不当之处在所难免，欢迎广大读者批评指正。

作　者
2019 年 9 月于太原

目　录

1 基 础 知 识

1.1 油膜轴承

1.1.1 油膜轴承的组成

油膜轴承是以润滑油作为润滑介质的径向滑动轴承，也称为液体摩擦轴承，具有一般滑动轴承和滚动轴承所无法比拟的优点，比如摩擦系数小、速度范围宽、刚性高等，广泛应用于钢铁、矿山、冶金、电力、航天、航空等行业，其运行性能和服役寿命直接关系着设备的生产效率和安全[1]。重型机械中最常见的轧机油膜轴承（见图 1-1 和图 1-2）属于典型的重载油膜轴承，安装在轧机支撑辊上，堪称轧钢机械的"心脏"。

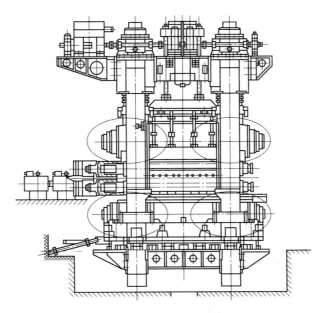

图 1-1　油膜轴承安装位置

油膜轴承的主要径向承载件是锥套和衬套。锥套通常以高硬度合金钢为材料，在工作中所受到的应力相对较小，在实际生产过程中的损坏和失效较少。衬套处于重载和较大的冲击载荷工况，其结构和运行过程中的受力分布对油膜轴承最终的使用性能起着至关重要的作用。衬套的使用性能体现在工作中巴氏合金层与润滑油液的力学行为，油膜压力使巴氏合金产生初始应变，长期受载极有可能产生蠕变应变，从而改变轴承的楔形间隙，对油膜形成及压力分布产生负面影响，并且逐步增大的应变容易使合金表现出裂纹损伤甚至破坏[2]。

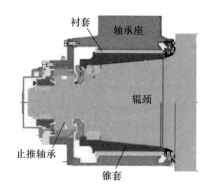

图 1-2   油膜轴承结构简图

衬套对旋转轴起支撑作用，主要由基体材料钢和合金层组成。轴的载荷主要由合金衬层内的硬质相负载。当合金层磨损时，由于摩擦只发生在轴承的部分表层，轴与合金层的硬质相接触，润滑油将会滞留于合金层受摩擦部分的内低凹处。基于该特点，要求设计的合金层材料不应太软，否则将由于受到轴承的压力，材料发生塑性流动或与轴黏结，衬层中的硬质相将会被挤出，从而导致合金烧熔、轴颈损坏。但是，硬度太高的合金层材料不容易跑合。因此，轴承衬套需要由硬质基体金属与较软金属相结合，合金层材料应该具备一定的强度、塑性和韧性。锡基巴氏合金因其良好的适应性、嵌入性和抗黏合能力，被选作为油膜轴承衬套的理想材料。

1.1.2   油膜轴承的特点

油膜轴承在工作过程中由于外载荷的作用，迫使轴颈移动，轴颈中心产生偏心，轴承与轴颈之间形成发散区和收敛区两个区域。当旋转的轴颈把润滑油从发散区带入收敛区时，沿轴颈旋转方向，轴承间隙由大变小，形成油楔，使润滑油产生压力。油膜内各点压力沿外载荷方向的合力即为油膜轴承的承载力。当外载荷大于承载力时，轴颈与轴承的偏心距增大。在收敛区内，轴承间隙沿轴颈旋转方向变化梯度增大，最小油膜厚度变小，油膜压力、承载力变大，直至与外载荷达到平衡，轴颈中心不再偏移，油膜轴承与轴颈完全被润滑油隔开，理论上形成了全流体润滑[3]。

油膜轴承分为动压、静压和静动压三种形式[4]，如表 1-1 所示，根据配套机型和工艺流程的具体需求选用。动压油膜轴承（图 1-3）的油膜形成是依据流体动压润滑的基本原理，最初启动时，辊径与衬套之间产生固-液混合摩擦，其摩擦力使轴颈发生反方向的偏移，随着转速的升高，更多的油液进入轴承内，并形成动态的油楔，同时油膜产生一定的压力。轴速稳定后，油膜压力与轴承径向载荷达到力平衡，此时油膜压力的大小、区域分布基本稳定，最大峰值区域接近出油口端。受偏心力的影响，轴心位于轴转动方向的下方，轴转速越快，其中心点越接近轴承的几何中心。

表 1-1 不同润滑形式的油膜轴承

类型	动压油膜轴承	静压油膜轴承	静-动压油膜轴承
工作原理	当轴在衬套中旋转时，供入轴承的润滑油被卷入到收敛的楔形间隙，由于流体动压作用，轴和衬套之间形成了压力油膜以平衡外载荷，使得轴与衬套脱离直接接触，形成纯液体摩擦	利用高压油泵将润滑油送入油腔形成压力油膜，可以在零转速下发挥作用	轧机在启动、制动或低速运行过程中，处于半液体摩擦或混合摩擦状态。静-动压特性结合了动压油膜轴承与静压油膜轴承的特征，改善了油膜轴承低速运行状态下的性能
使用特点	轴与衬套之间形成一个完整的压力油膜，脱离金属接触，形成纯液体摩擦。其承载能力大、使用寿命长、摩擦系数低、速度范围宽、结构尺寸小、抗冲击和抗污染能力强、启动和制动时摩擦力大	流体润滑状态与速度无关，能够在比较广泛的速度和载荷范围内无磨损工作，运转精度高，应用于无磨损的场合，要求旋转精度高、承载能力大、但刚度较差	具有精度高、刚度大、承载力强、使用寿命长、吸振抗震性能好、摩擦功耗小等特点。克服了静压轴承刚度差、承载力小以及动压轴承启动和制动时摩擦力大的缺点
适用场合	轧钢机、发电机、电动机、冷连轧机、矿井提升机、高速线材轧机等	轧钢机、水轮机、发电机、精密机床主轴、球磨机等	精密及高速加工机床的主轴、低速重载轧机油膜轴承、轧辊磨床磨头、高效精密磨床砂轮主轴、高速电主轴等

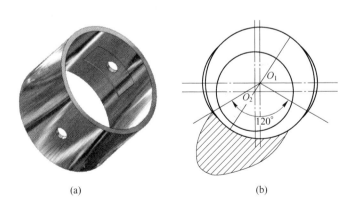

(a)   (b)

图 1-3 动压油膜轴承

（a）实物图；（b）工作原理图

动压油膜轴承因受到油膜形成条件的影响，通常在转速变化不大的工况场合使用，在轧辊频繁启动、制动和反转的情况下，油膜厚度及工作辊的相对位置都会发生异常的变化，操作流程也比较繁杂，轧制精度受到较大的影响。静压油膜轴承利用高压油顶起轴颈，使其悬浮于轴承中，油膜的形成与运行状态无关，依据高压润滑系统执行具体操作，相对容易适应重载及运行状态变化等条件，其较高的承载能力、较长的使用寿命、广泛的应用空间，使其在复杂工况下体现出明显的优势和特点。但连续运转的高压必然对润滑系统、液压系统带来更高的要求，整体对故障的承受能力降低，容易造成机械的损坏及事故的发生[5]。

静-动压油膜轴承结合动压油膜轴承和静压油膜轴承的优点，设计中解决的关键问题是满足静压承载能力所需的油腔尺寸，同时必须保证动压承载区域的承载能力和面积。其工作特点是在轧辊低于极限速度、启动、制动等运行工况下，启动静压润滑系统，支撑轧辊以达到运行要求，待稳定运行后，高压油停止供应，使轴承进入动压润滑状态，从而减轻高压系统的负担，提高轧机的安全性和可靠性。

衬套作为油膜轴承的主要径向承载部件，其结构和运行过程中的受力对油膜轴承的使用性能起着重要的作用。由于衬套是由硬质基体金属与较软金属相结合而组成，在承受重载和较大的冲击载荷下，衬套巴氏合金极有可能会因结合性能不够而导致脱落损坏。因此，巴氏合金与基体的结合性能成为保证衬套质量的首要因素。

油膜轴承衬套通常采用钢基体与巴氏合金结合的复合材料，由最初的两层复合材料，已发展到五层或多层复合材料，如图1-4所示。随着机械行业向大功率、高负载、高速化方向发展，对轴承的运行性能要求越来越高，开展轴承衬套合金层结合性能研究，有助于提高其在运行过程中的可靠性。

不同结合层数的油膜轴承如表1-2所示。

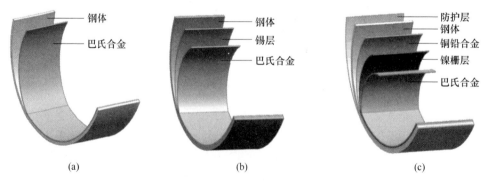

图1-4　油膜轴承多层结构衬套
(a) 两层结构；(b) 三层结构；(c) 五层结构

表 1-2 不同结合层数的油膜轴承

类型	两层结构	三层结构	五层结构		
结合材料	钢体、巴氏合金	钢体、锡层、锡基巴氏合金	防护层、钢体、铜铅合金、镍栅层、巴氏合金		
结合工艺	焊接、粉末冶金	离心浇铸	焊接、电镀		
使用场合	冷热连轧机、发电机、水轮机等	冷热连轧机、高效精密磨床砂轮主轴等	对设备承载能力要求较高的设备,如大型矿井运输机、高速线材轧机、其他大型轧钢设备等		

通常衬套的失效形式有磨损、划伤、锈蚀、片状剥落、塑性流动、龟裂、烧熔等。从不同形式的失效及其原因分析可知,轴承损伤与巴氏合金的使用状况密切相关。在设计及使用中,提高巴氏合金的可靠性是降低失效程度的重要手段。

1.2 巴氏合金

1.2.1 巴氏合金的种类

巴氏合金又名白合金或乌金,多用于相对低硬度轴转动的高耐磨材料,使用类型主要分为锡基合金和铅基合金,其中锡基合金的牌号有 SnSb4Cu4、SnSb8Cu4、SnSb8Cu8、SnSb11Cu6、SnSb12Pb10Cu4,铅基合金的牌号有 PbSb16Sn1As1、PbSb15Sn10、PbSb15Sn5、PbSb10Sn6。

铅基合金所需的成本比锡基合金低,但是铅基巴氏合金的强度、硬度、耐腐蚀性、导热性都相对差一些,而且铅属于重污染金属,容易破坏环境,所以锡基合金的使用更为广泛。表 1-3 详细列出了锡基巴氏合金的化学成分及各元素所占的比例,其中主要元素为锡、铅、锑、铜。锑和铜的作用是提高合金强度与硬度,加入少量的砷有助于防止成分的偏析和晶粒的细化。

表 1-3 锡基巴氏合金的化学成分

牌 号	化学成分/%									
	Sn	Pb	Sb	Cu	Fe	As	Bi	Zn	Al	Cd
SnSb4Cu4	余量	0.35	4.0~5.0	4.0~5.0	0.06	0.10	0.08	0.005	0.005	0.05
SnSb8Cu4	余量	0.35	7.0~8.0	3.0~4.0	0.06	0.10	0.08	0.005	0.005	0.05
SnSb8Cu8	余量	0.35	7.5~8.5	7.5~8.5	0.08	0.10	0.05	0.005	0.005	0.05
SnSb11Cu6	余量	0.35	10.0~12.0	5.5~6.5	0.08	0.05	0.05	0.005	0.005	0.05
SnSb12Pb10Cu4	余量	9.0~11.0	11.0~13.0	2.5~5.0	0.08	0.10	0.08	0.005	0.005	0.05

注:表内没有标明范围的值都是最大值。

1.2.2 巴氏合金的特点

油膜轴承衬套通常由双层金属组成，内层巴氏合金相对钢体层刚性小、强度低、厚度薄，具有承受高负荷和耐磨的良好性能。巴氏合金的组织特点决定着使用性能，在软相基体上均匀分布着硬相质点，软相基体使巴氏合金具有良好的嵌入性、顺应性和抗咬合性，并在磨合后，软基体内凹，硬质点外凸，使滑动面之间形成微小间隙，成为贮油空间和润滑油道，有利于减小摩擦；上凸硬质点起到支承作用，有利于承受载荷。巴氏合金广泛应用于轧钢机、涡轮机、内燃机、发电机组等大型高速或中低速重载设备，被公认为支撑轴承中轴衬及轴瓦的首选材料。

油膜轴承衬套普遍使用的巴氏合金属于低熔点合金 $[T_m \in (185℃，240℃)]$，以 SnSb11Cu6 和 SnSb8Cu4 两种牌号为主，其熔点分别为 241℃ 和 200℃。其中 SnSb8Cu4 多用在低速重载工况。SnSb11Cu6 的组织为锡基 α 固溶体、Cu_6Sn_5 和 SnSb；SnSb8Cu4 的组织为锡基 α 固溶体和 Cu_6Sn_5，其中锡基 α 固溶体为软相，SnSb 和 Cu_6Sn_5 为硬相，硬相数量占合金的 15%~30% 为宜。过少，合金较软、机械强度低、易变形；过多，合金硬而脆、韧性差、易脆裂。巴氏合金的熔点、硬度及屈服强度相对其他金属偏低，其物理性能见表 1-4。

表 1-4　锡基巴氏合金的物理性能

牌　号	熔点 /℃	布氏硬度 （HBS）	屈服强度 /MPa	抗压强度 /MPa	浇铸温度 /℃
SnSb4Cu4	225	17.0	30.3	88.6	440
SnSb8Cu4	200	24.5	42.0	102.7	420
SnSb8Cu8	239	27.0	45.5	121.3	490
SnSb11Cu6	241	27.0	51.7	132.6	420
SnSb12Pb10Cu4	190	29.0	51.7	129.3	460

注：布氏硬度、屈服强度、抗压强度的测试温度均为室温。

1.3　界面结合强度

1.3.1　表界面的定义

表界面问题的研究对象通常为具有多相性的不均匀体系，即体系中一般存在两个或两个以上不同性能的相。表界面是指由一个相到另一个相之间的过渡区域。金属基复合材料中增强体与金属基体接触构成的界面，是具有一定厚度（纳米以上）、结构随基体和增强体而异、与基体有明显差别的新相——界面相（界面层)。界面是增强体和基体相连接的纽带，也是应力及其他信息传递的桥梁，其结构与性能直接影响金属基复合材料的性能。复合材料的增强体不论是纤维、晶须还是颗粒，在成型过程中都会与金属基体发生程度不同的相互作用和界面反应，形成各种结构的界面。深入研究金属基复合材料界面的形成过程、界面层性质、界面黏合、应力传递行为，以及其对宏观力学性能的影响规律，从而有效地进行控制，是获取高性能金属基复合材料的关键。

界面效应不仅与增强体及金属基体两相材料之间的润湿、吸附、相容等热力学问题有关；与两相材料本身的结构、形态以及物理、化学等性质有关；与界面形成过程中所诱导发生的界面附加的应力有关；还与成型加工过程中两相材料相互作用和界面反应程度密切相关。复合材料界面结构极为复杂，围绕增强体表面性质、形态、表面改性及表征，以及增强体与基体的相互作用、界面反应、界面表征等方面，探索界面微结构、性能与复合材料综合性能的关系，从而进行复合材料界面优化设计。

1.3.2　表界面的类型

表界面通常分为五类：固-气、液-气、固-液、液-液、固-固。气体和气体之间总是均相体系，不存在表界面。通常把固-气、液-气的过渡区域称为表面，把固-液、液-液、固-固的过渡区域称为界面。实际应用中，两相之间并不存在截然的分界面，相与相之间呈现逐渐过渡的区域，该区域的结构、能量、组成等都呈现连续梯度的变化。界面不同于几何学上的平面，而是一个结构复杂、厚度为分子级别的三维区域。通常把界面区域当作相或层来处理，也称作界面相或界面层。

材料的表界面与内部主体，无论在结构上还是在化学组成上都有明显的差别。材料内部原子受到周围原子的相互作用是平衡的，处在表面的原子所受到的力场却是不平衡的，如图 1-5 所示。对于由不同组分构成的材料，组分与组分之间可形成界面，某一组分也可能附集在材料的表界面。即使是单组分的材料，由于内部存在的缺陷，如位错等，或者由于晶态的不同形成晶界，也可能在内部产生界面。

1.3.3　表界面的特点

金属基复合材料的基体以合金居多，合金既含有不同化学性质的组成元素和不同的相，同时又具有较高的熔化温度。金属基复合材料的制备需在接近或超过合金基体熔点的高温下进行。合金基体与增强体在高温复合时易发生不同程度的界面反应；合金基体在冷却、凝固、热处理过程中还会发生元素的偏聚、扩散、固溶、相变等；加工过程中，金属表面的表层组织结构也将发生变化，使表面层形成若干层组分，图1-6为典型的金属表层结构。

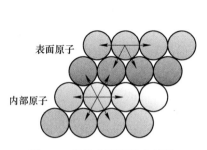

图1-5 固体中原子受力情况

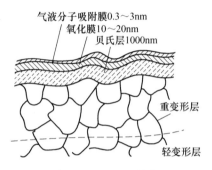

图1-6 金属表层结构

上述作用方式均使金属基复合材料界面区的结构变得复杂。界面区的组成和结构明显不同于基体和增强体，受到金属基体成分、增强体类型、复合工艺参数等多种因素的影响。材料的表界面对材料整体性能具有决定性的影响，材料的腐蚀、老化、硬化、黏结、复合等，都与材料的表界面密切相关。

最常见的材料表界面类型可以按照其形成途径划分，如表1-5所示。

表1-5 常见材料表界面类型及其形成途径[6]

序号	表界面类型	形成原因	形 成 途 径
1	机械作用界面	机械作用	切削、研磨、抛光、喷砂、变形、磨损等
2	化学作用界面	化学作用	表面反应、黏结、氧化、腐蚀等
3	固体结合界面	物理作用	真空、加热、加压、界面扩散和反应等
4	气液相沉积界面	物理作用	物质以原子尺寸形态从液相或气相析出面在固态表面形成的膜层或块体
5	凝固共生界面	物理化学作用	两个固相同时从液相中凝固析出，并且共同生长而形成
6	粉末冶金界面	机械化学作用	由热压、热锻、热等静压、烧结、热喷涂等粉末工艺，将粉末材料转变为块体
7	黏结界面	物理作用	由无机或有机黏结剂使两个固体相结合

金属基复合材料界面区存在的材料物理性质（如弹性模量、线膨胀系数等）和化学性质等的不连续性，使增强体与基体金属形成了热力学不平衡体系。由于金属基体和增强体的物理性能及化学性质等存在很大差别，通过界面的结合，会产生性能的不连续性和不稳定性。强度、模量、线膨胀系数、热导率的差别会引起残余应力和应变，形成高位错密度区等。界面特性对复合材料内性能的不均匀分布有很大的影响。界面的结构和性能对金属基复合材料中应力和应变的分布、导热、导电及热膨胀性能、载荷传递、断裂过程都起着决定性作用。

1.3.4 界面结合强度的定义

随着科学技术与生产力的发展，对机械设备关键零部件表界面性能的要求越来越高，界面本身的力学性质以及界面上的应力传递，对复合材料整体的力学性能有着重要的影响，界面强度是评价界面性能的关键指标。界面结合强度通常是指使金属基复合材料中的增强体与基体从结合状态脱开所需的应力。一定的结合强度是保证复合材料零件安全稳定使用的前提。同时，表面涂敷技术的发展，促进了制造技术的创新，采用不同生产工艺以达到多种材料更好的结合。

截至目前，还没有一种理论能够完整地描述覆层与基体界面的结合强度及应力分布情况，原因在于实际结合强度的大小取决于材料的每一个局部性质，覆层与基体难以做到完全接触，界面缺陷、应力集中等会削弱覆层的结合强度，理论计算只是理想情况下的极限值，由于生产工艺、制备技术的差异，影响结合强度的因素也不尽相同。纵观国内外对界面结合强度的研究，界面结合机理、结合类型、结合强度表征方法已经达成共识，具有普遍适用性。结合强度理论计算的研究也在不断发展，科研人员从各个可能的方面去探索结合强度新理论。

2 复合材料界面力学基础理论

异种金属结合界面、复合材料结合层与材料整体结构的力学行为密切相关。油膜轴承衬套从材料性质上分类属于异种金属结合材料，其结合界面的力学行为对衬套使用性能有着重要影响。本章从界面力学角度出发，简要介绍复合材料界面问题和界面端应力奇异性描述等基础理论，为后续章节从力学角度科学定量评价衬套界面的结合性能奠定理论基础。

2.1 复合材料界面问题

2.1.1 界面分类

实际工程应用中，由于材料本身属性以及加工制造等误差，复合材料的结合界面必然存在各种微观缺陷。从界面力学研究的层面考虑，界面模型可以不考虑这些微观缺陷，但仍有一些缺陷或特征会对界面结合性能产生不可忽略的影响，比如工程实际中的结合不良部分，这类界面特征必须纳入界面力学模型的构建中。从界面力学的角度分类，结合界面可以分为三种形式，见图 2-1。

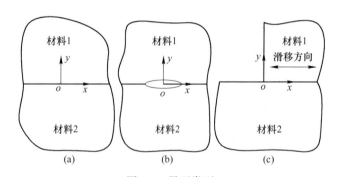

图 2-1　界面类型
(a) 完全结合界面；(b) 剥离界面；(c) 接触界面

(1) 完全结合界面：从宏观力学层面观察，完全结合界面不存在结构缺陷，可以认为上下两种材料完全结合。针对二维界面，其特征可以概括为满足界面应力和位移的连续性条件：

$$\sigma_{y1} = \sigma_{y2}, \quad \tau_{xy1} = \tau_{xy2}, \quad u_1 = u_2, \quad v_1 = v_2 \tag{2-1}$$

式中，σ_x、σ_y、τ_{xy} 为直角坐标系下的应力分量；u、v 为直角坐标系下的位移分量，同时规定 u 是平行于结合界面的水平位移，v 是垂直于结合界面的纵向位移；下角标1、2分别对应两种结合材料。

（2）剥离界面：若界面上存在未结合的区域或者不可忽略的缺陷，即使两侧材料边界的几何位置相同，由于两侧材料在界面处实际处于分离状态，并不满足界面应力和位移的连续性条件，应作为剥离界面分析。剥离界面上下两侧的材料表面相互之间没有力学约束，故在剥离区内存在如下的表面自由条件：

$$\sigma_{y1} = \tau_{xy1} = 0, \quad \sigma_{y2} = \tau_{xy2} = 0 \qquad (2\text{-}2)$$

需要注意的是，表面自由条件成立的前提是剥离区垂直界面的纵向位移 $v \geqslant 0$，但该条件在完全结合界面与开口区的交点附近却不容易满足。

（3）接触界面：如果两材料未结合，但由于外力或残余应力等因素的作用而接触在一起形成界面，一旦接触界面发生变形，则界面上会出现三个区域，即符合完全结合界面应力和位移连续性条件的黏着区、边界条件与剥离界面表面的自由条件相同的开口区、两材料仍然接触但产生了相对位移的滑移区。其边界条件为：

$$\sigma_{y1} = \sigma_{y2} \leqslant 0, \quad v_1 = v_2, \quad \tau_{xy1} = \tau_{xy2} = \pm f\sigma_y \qquad (2\text{-}3)$$

式中，f 为接触界面的动摩擦系数。

界面类型的确定是对界面问题进行力学分析的基础，界面条件对于建立应力场十分关键，尤其是完全结合界面的应力和位移连续性条件是建立数学模型的依据。

2.1.2　界面问题的特殊性

界面力学模型是对复杂结合界面层的简化，图 2-2 给出了结合界面产生奇异点的三种情况，图 2-2（a）中的 O 点是结合界面与材料端面的交点，称为界面端；图 2-2（b）中的 O 点是界面内部的突变点，称为界面角点；图 2-2（c）中的两个 O 点是完整结合界面与剥离界面的交点，称为裂尖。

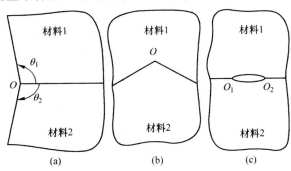

图 2-2　界面奇异点

（a）界面端；（b）界面角点；（c）界面裂纹裂尖

　　界面端的边界条件包括自由边界条件和界面连续性条件，界面角点的边界条件中不存在自由边界条件。由于两种结合材料的物理性能不同，在温度载荷或外力载荷作用下，两种材料的变形趋势必然不完全相同，即存在相互间的移动趋势。界面上的边界条件，如界面连续性条件，实际上是异种材料相互之间的一种约束，使两者都不能按固有物理性能发生对应的变形。这种约束会在界面及其附近产生应力集中现象，在界面端或界面角点这种界面形状突变的位置，应力集中产生的应力值会非常大，随着与突变点距离的不断减小，应力值迅速增加，在弹性力学范畴内，认为该应力值会趋于无限大，这种力学现象称为应力奇异性，界面上的这种突变点称为奇异点。

　　界面端、界面角点以及界面裂纹裂尖三种奇异点附近的应力场和位移场可以统一描述为[7]：

$$\sigma_{ij} = \sum_{k=1}^{N} \frac{K_k f_{ijk}(\theta)}{r^{1-\lambda_k}}, \quad u_i = \sum_{k=1}^{N} K_k r^{\lambda_k} F_{ik}(\theta) \tag{2-4}$$

式中，r 为计算点与奇异点之间的距离；λ_k 为第 k 个特征值，特征值的个数是由奇异点处材料结合角度和复合材料物理性能决定。λ_k 可以是实数或复数，一般只考虑 $0 < \mathrm{Re}\lambda_k < 1$ 范围内的值，在这一范围内的特征值会使应力场在奇异点附近呈现出奇异性，且能够保证位移的相关条件。$1 - \lambda_k$ 称为应力奇异性指数，该指数是奇异应力场中的一个重要参数，直接影响到奇异性趋势，其值越大，奇异性越强。

2.2　界面端应力奇异性

2.2.1　Dundurs 参数

　　复合材料异种材料结合需要引入四个弹性常数，即两种材料各自的弹性模量和泊松比。这四个材料常数对于界面奇异应力场的影响并不是相互独立，而是通过组合，以两个新的参数形式来描述材料物理性能对界面应力场的影响，这两个参数称为 Dundurs 参数[8]。采用针对直线界面给出的 Dundurs 参数证明过程，以及弹性力学中复变函数的 Goursat 公式，得到应力和位移的表达式：

$$\begin{cases} \sigma_y + i\tau_{xy} = \varphi' + \overline{\varphi'} + \overline{z}\varphi'' + \psi' \\ \sigma_x - i\tau_{xy} = \varphi' + \overline{\varphi'} - \overline{z}\varphi'' - \psi' \\ 2\mu'(u + iv) = \kappa\varphi - z\overline{\varphi'} - \overline{\psi} \end{cases} \tag{2-5}$$

式中，φ、ψ 为应力函数；μ' 为剪切弹性模量，其与弹性模量 E 和泊松比 ν 的关系由 $\mu' = E/[2(1+\nu)]$ 得到；κ 为卡帕参数，平面应变时 $\kappa = 3 - 4\nu$，平面应力时 $\kappa = (3-\nu)/(1+\nu)$。以下公式中，下标 1、2 分别对应材料 1 和材料 2 的相关参数。

将界面连续性条件改写为如下形式：

$$\Gamma\left[\kappa_1\varphi_1 - z\overline{\varphi'_1} - \overline{\psi_1}\right] = \kappa_2\varphi_2 - z\overline{\varphi'_2} - \overline{\psi_2} \tag{2-6a}$$

$$\varphi'_1 + \overline{\varphi'_1} + \overline{z}\varphi''_1 + \psi'_1 = \varphi'_2 + \overline{\varphi'_2} + \overline{z}\varphi'' + \psi'_2 \tag{2-6b}$$

式中，$\Gamma = \mu_2/\mu_1$。

将式（2-6b）中的界面应力连续性条件积分得到：

$$\int(\varphi'_1 + \overline{\varphi'_1} + \overline{z}\varphi''_1 + \psi'_1)\,\mathrm{d}x = \int(\varphi'_2 + \overline{\varphi'_2} + \overline{z}\varphi'' + \psi'_2)\,\mathrm{d}x \tag{2-7}$$

进行变量代换 $z = x + iy$，$\overline{z} = x - iy$，得到：

$$\frac{\partial}{\partial x} = \frac{\partial}{\partial z} + \frac{\partial}{\partial \overline{z}},\quad \frac{\partial}{\partial y} = i\frac{\partial}{\partial z} - i\frac{\partial}{\partial \overline{z}} \tag{2-8}$$

式（2-7）可改写为：

$$\int\frac{\partial}{\partial x}(\overline{\varphi_1} + \overline{z}\varphi'_1 + \psi_1)\,\mathrm{d}x = \int\frac{\partial}{\partial x}(\overline{\varphi_2} + \overline{z}\varphi'_2 + \psi_2)\,\mathrm{d}x \tag{2-9}$$

取共轭得到：

$$\varphi_1 + z\overline{\varphi'_1} + \overline{\psi_1} = \varphi_2 + z\overline{\varphi'_2} + \overline{\psi_2} \tag{2-10}$$

$$\begin{cases}\varphi_1 = \dfrac{\Gamma + \kappa_2}{\Gamma(\kappa_1 + 1)}\varphi_2 + \dfrac{\Gamma - 1}{\Gamma(\kappa_1 + 1)}(z\overline{\varphi'_2} + \overline{\psi_2}) \\[3mm] z\overline{\varphi'_1} + \overline{\psi_1} = \dfrac{\Gamma\kappa_1 - \kappa_2}{\Gamma(\kappa_1 + 1)}\varphi_2 + \dfrac{\Gamma\kappa_1 + 1}{\Gamma(\kappa_1 + 1)}(z\overline{\varphi'_2} + \overline{\psi_2})\end{cases} \tag{2-11}$$

定义 Dundurs 参数为：

$$\begin{cases}\alpha = \dfrac{(\kappa_2 + 1) - \Gamma(\kappa_1 + 1)}{(\kappa_2 + 1) + \Gamma(\kappa_1 + 1)} = \dfrac{\mu_1(\kappa_2 + 1) - \mu_2(\kappa_1 + 1)}{\mu_1(\kappa_2 + 1) + \mu_2(\kappa_1 + 1)} \\[3mm] \beta = \dfrac{(\kappa_2 - 1) - \Gamma(\kappa_1 - 1)}{(\kappa_2 + 1) + \Gamma(\kappa_1 + 1)} = \dfrac{\mu_1(\kappa_2 - 1) - \mu_2(\kappa_1 - 1)}{\mu_1(\kappa_2 + 1) + \mu_2(\kappa_1 + 1)}\end{cases} \tag{2-12}$$

式（2-11）重新表达为：

$$\begin{cases}\varphi_1 = \dfrac{1 + \beta}{1 - \alpha}\varphi_2 + \dfrac{\beta - \alpha}{1 - \alpha}(z\overline{\varphi'_2} + \overline{\psi_2}) \\[3mm] z\overline{\varphi'_1} + \overline{\psi_1} = -\dfrac{\alpha + \beta}{1 - \alpha}\varphi_2 + \dfrac{1 + \beta}{1 - \alpha}(z\overline{\varphi'_2} + \overline{\psi_2})\end{cases} \tag{2-13}$$

一般弹性材料的泊松比 $\nu \in [0, 0.5]$，任意两种材料组合中，从式（2-12）得到 $|\alpha| \leq 1$，$|\beta| \leq 0.5$。该值域是 α 和 β 分别取值的值域。事实上，两者在取极限值的时候会存在一定的关系。消去式（2-12）中的 μ_1 和 μ_2，得到：

$$\beta = \alpha - \frac{1 + \alpha}{\kappa_2 + 1} + \frac{1 - \alpha}{\kappa_1 + 1} \tag{2-14}$$

即
$$\beta = \alpha - \frac{1+\alpha}{4}(1+\nu_2) + \frac{1-\alpha}{4}(1+\nu_1)$$

平面应力条件下，分别求解 ν_1 和 ν_2 对 β 的导数：

$$\frac{\partial \beta}{\partial \nu_1} = \frac{1-\alpha}{4} \geq 0, \quad \frac{\partial \beta}{\partial \nu_2} = -\frac{1+\alpha}{4} \leq 0$$

即 β 关于 ν_1 是单调递增的函数，β 关于 ν_2 是单调递减的函数。由于 $0 \leq \nu \leq 0.5$、$\nu_1 = 0.5$、$\nu_2 = 0$ 时，β 取值最大；$\nu_1 = 0$、$\nu_2 = 0.5$ 时，β 取值最小，即

$$\beta_{\max} = \frac{3\alpha}{8} + \frac{1}{8}, \quad \beta_{\min} = \frac{3\alpha}{8} - \frac{1}{8} \tag{2-15}$$

通过化简推导，得出直角结合界面端的特征值计算公式：

$$\begin{cases} A\beta^2 + 2B\alpha\beta + C\alpha^2 + 2D\beta + 2E\alpha + F = 0 \\ A = 4K(\theta_1)K(\theta_2) \\ B = 2\lambda^2\sin^2\theta_1 K(\theta_2) + 2\lambda^2\sin^2\theta_2 K(\theta_1) \\ C = 4\lambda^2(\lambda^2 - 1)\sin^2\theta_1\sin^2\theta_2 + K(\theta_1 - \theta_2) \\ D = -2\lambda^2[\sin^2\theta_1\sin^2(\lambda\theta_2) - \sin^2\theta_2\sin^2(\lambda\theta_1)] \\ E = K(\theta_1) - K(\theta_2) - D \\ F = K(\theta_1 + \theta_2) \\ K(\theta) = \sin^2(\lambda\theta) - \lambda^2\sin^2\theta \end{cases} \tag{2-16}$$

仅讨论几何对称界面端 $\theta_1 = \theta_2 = \theta_0$ 且 $\theta_0 = \pi/2$ 时的界面端奇异应力性。将公式（2-16）消去中间变量，化简为：

$$\left[\sin^2\left(\frac{\pi}{2}\lambda\right) - \lambda^2\right]^2 \beta_2 - \lambda^2\left[\sin^2\left(\frac{\pi}{2}\lambda\right) - \lambda^2\right]\alpha(\alpha - 2\beta) +$$

$$\cos^2\left(\frac{\pi}{2}\lambda\right)\left[\sin^2\left(\frac{\pi}{2}\lambda\right) - \lambda^2\alpha^2\right] = 0 \tag{2-17}$$

式中，λ 为复合材料特征值，$\lambda = 1 - \omega$，其中，ω 为应力奇异性指数。

由证明可知，式（2-17）在 $0 < \mathrm{Re}\lambda < 1$ 范围内仅有实数解，且只有当 $\alpha(\alpha - 2\beta) > 0$ 时，方程才有解，即复合材料存在应力奇异性。联立公式（2-16），得到具有应力奇异性 Dundurs 参数取值范围，见图 2-3 阴影区域。

2.2.2　界面端应力奇异性描述

在界面端应力奇异性的研究中，最初利用 Mellin 变换对二维界面端的应力奇异性问题进行研究。之后采用更易于理解的复变应力函数方法对界面端的应力奇异性进行描述[9]。界面端力学模型如图 2-4 所示。

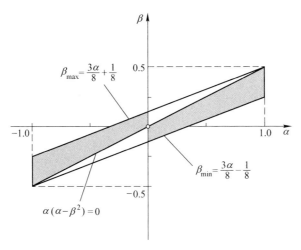

图 2-3 Dundurs 参数的值域

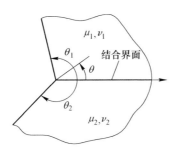

图 2-4 界面端力学模型

极坐标下应力函数的 Goursat 公式为:

$$\begin{cases} \sigma_\theta + i\tau_{r\theta} = \varphi' + \overline{\varphi'} + e^{2i\theta}(\overline{z}\varphi'' + \psi') \\ \sigma_r - i\tau_{r\theta} = \varphi' + \overline{\varphi'} - e^{2i\theta}(\overline{z}\varphi'' + \psi') \\ 2\mu(u_r + iv_\theta) = e^{-i\theta}(\kappa\varphi - z\overline{\varphi'} - \overline{\psi}) \end{cases} \quad (2\text{-}18)$$

利用 $z = re^{i\theta}$ 的关系,得到:

$$\sigma_{\theta j} + i\tau_{r\theta j} = r^{\lambda-1}[A_j\lambda^2 e^{i(\lambda-1)\theta} + \overline{B}_j\lambda e^{-i(\lambda-1)\theta} + C_j\lambda e^{i(\lambda+1)\theta}] +$$

$$r^{\overline{\lambda}-1}[B_j\overline{\lambda}^2 e^{i(\overline{\lambda}-1)\theta} + \overline{A}_j\overline{\lambda} e^{-i(\overline{\lambda}-1)\theta} + D_j\overline{\lambda} e^{i(\overline{\lambda}+1)\theta}] \quad (2\text{-}19)$$

$$2\mu_j(u_{rj} + iv_{\theta j}) = r^\lambda[A_j\kappa_j e^{i(\lambda-1)\theta} - \overline{B}_j\lambda e^{-i(\lambda+1)\theta} - \overline{D}_j\lambda e^{-i(\lambda+1)\theta}] +$$

$$r^{\overline{\lambda}}[B_j\kappa_j e^{i(\overline{\lambda}-1)\theta} - \overline{A}_j\overline{\lambda} e^{-i(\overline{\lambda}-1)\theta} - \overline{C}_j e^{-i(\overline{\lambda}+1)\theta}] \quad (2\text{-}20)$$

代入界面连续性条件和自由边界条件,联立得到线性方程组:

$$\begin{cases} A_1\lambda + \overline{B_1} + C_1 = A_2\lambda + \overline{B_2} + C_2 \\ B_1\overline{\lambda} + \overline{A_1} + D_1 = B_2\overline{\lambda} + \overline{A_2} + D_2 \\ \Gamma(A_1\kappa_1 - \overline{B_1}\lambda - \overline{D_1}) = A_2\kappa_2 - \overline{B_2}\lambda - \overline{D_2} \\ \Gamma(B_1\kappa_1 - \overline{A_1}\overline{\lambda} - \overline{C_1}) = B_2\kappa_2 - \overline{A_2}\overline{\lambda} - \overline{C_2} \end{cases} \tag{2-21}$$

$$\begin{cases} A_1\lambda e^{i(\lambda-1)\theta_1} + \overline{B_1}e^{-i(\lambda-1)\theta_1} + C_1 e^{i(\lambda+1)\theta_1} = 0 \\ B_1\overline{\lambda}e^{i(\overline{\lambda}-1)\theta_1} + \overline{A_1}e^{-i(\overline{\lambda}-1)\theta_1} + D_1 e^{i(\overline{\lambda}+1)\theta_1} = 0 \\ A_2\lambda e^{-i(\lambda-1)\theta_2} + \overline{B_2}e^{i(\lambda-1)\theta_2} + C_2 e^{-i(\lambda+1)\theta_2} = 0 \\ B_2\overline{\lambda}e^{-i(\overline{\lambda}-1)\theta_2} + \overline{A_2}e^{i(\overline{\lambda}-1)\theta_2} + D_2 e^{-i(\overline{\lambda}+1)\theta_2} = 0 \end{cases} \tag{2-22}$$

将式（2-21）、式（2-22）整理成只含有 A_1、$\overline{B_1}$、C_1、$\overline{D_1}$、A_2、$\overline{B_2}$、C_2、$\overline{D_2}$ 的形式，即：

$$\begin{bmatrix} \lambda & 1 & -\lambda & -1 & 1 & 0 & -1 & 0 \\ 1 & \lambda & -1 & -\lambda & 0 & 1 & 0 & -1 \\ \Gamma\kappa_1 & -\Gamma\lambda & -\kappa_2 & \lambda & 0 & -\Gamma & 0 & 1 \\ -\Gamma\lambda & \Gamma\kappa_1 & \lambda & -\kappa_2 & -\Gamma & 0 & 1 & 0 \\ \lambda e^{i(\lambda-1)\theta_1} & e^{-i(\lambda-1)\theta_1} & 0 & 0 & e^{i(\lambda+1)\theta_1} & 0 & 0 & 0 \\ e^{i(\lambda-1)\theta_1} & \lambda e^{-i(\lambda-1)\theta_1} & 0 & 0 & 0 & e^{-i(\lambda+1)\theta_1} & 0 & 0 \\ 0 & 0 & \lambda e^{-i(\lambda-1)\theta_2} & e^{i(\lambda-1)\theta_2} & 0 & 0 & e^{-i(\lambda+1)\theta_2} & 0 \\ 0 & 0 & e^{-i(\lambda-1)\theta_2} & \lambda e^{i(\lambda-1)\theta_2} & 0 & 0 & 0 & e^{i(\lambda+1)\theta_2} \end{bmatrix} \begin{bmatrix} A_1 \\ \overline{B_1} \\ A_2 \\ \overline{B_2} \\ C_1 \\ \overline{D_1} \\ C_2 \\ \overline{D_2} \end{bmatrix} = 0 \tag{2-23}$$

式（2-23）是关于待定系数 A_1、$\overline{B_1}$、C_1、$\overline{D_1}$、A_2、$\overline{B_2}$、C_2、$\overline{D_2}$ 的齐次线性方程组，求解应力场和位移场，需要得到 A_1、$\overline{B_1}$、C_1、$\overline{D_1}$、A_2、$\overline{B_2}$、C_2、$\overline{D_2}$ 的非零解。存在非零解的条件通过式（2-23）中系数行列式为 0 得到。为了同时求取待定系数间的关系，简化上式得到：

$$\begin{Bmatrix} C_1 \\ D_1 \end{Bmatrix} = -\begin{bmatrix} \lambda e^{-2i\theta_1} & e^{-2i\theta_1} \\ e^{2i\theta_1} & \lambda e^{2i\theta_1} \end{bmatrix} \begin{Bmatrix} A_1 \\ B_1 \end{Bmatrix} \tag{2-24}$$

$$\begin{Bmatrix} C_2 \\ D_2 \end{Bmatrix} = -\begin{bmatrix} \lambda e^{2i\theta_2} & e^{2i\theta_2} \\ e^{-2i\theta_2} & \lambda e^{-2i\theta_2} \end{bmatrix} \begin{Bmatrix} A_2 \\ B_2 \end{Bmatrix} \tag{2-25}$$

整理式（2-21）为：

$$\begin{bmatrix} \lambda & 1 \\ 1 & \lambda \end{bmatrix} \begin{Bmatrix} A_1 \\ B_1 \end{Bmatrix} + \begin{Bmatrix} C_1 \\ D_1 \end{Bmatrix} = \begin{bmatrix} \lambda & 1 \\ 1 & \lambda \end{bmatrix} \begin{Bmatrix} A_1 \\ B_2 \end{Bmatrix} + \begin{Bmatrix} C_2 \\ D_2 \end{Bmatrix} \tag{2-26}$$

$$\begin{bmatrix} \Gamma\kappa_1 & -\Gamma\lambda \\ -\Gamma\lambda & \Gamma\kappa_1 \end{bmatrix} \begin{Bmatrix} A_1 \\ B_1 \end{Bmatrix} - \begin{bmatrix} 0 & \Gamma \\ \Gamma & 0 \end{bmatrix} \begin{Bmatrix} C_1 \\ D_1 \end{Bmatrix} = \begin{bmatrix} \kappa_2 & -\lambda \\ -\lambda & \kappa_2 \end{bmatrix} \begin{Bmatrix} A_2 \\ B_2 \end{Bmatrix} - \begin{bmatrix} 0 & 1 \\ 1 & 0 \end{bmatrix} \begin{Bmatrix} C_2 \\ D_2 \end{Bmatrix}$$

$$(2\text{-}27)$$

两边同时乘以 $\begin{bmatrix} 0 & 1 \\ 1 & 0 \end{bmatrix}$，上式变为：

$$\Gamma\begin{bmatrix} -\lambda & \kappa_1 \\ \kappa_1 & -\lambda \end{bmatrix} \begin{Bmatrix} A_1 \\ B_1 \end{Bmatrix} - \Gamma\begin{Bmatrix} C_1 \\ D_1 \end{Bmatrix} = \begin{bmatrix} -\lambda & \kappa_2 \\ \kappa_2 & -\lambda \end{bmatrix} \begin{Bmatrix} A_2 \\ B_2 \end{Bmatrix} - \begin{Bmatrix} C_2 \\ D_2 \end{Bmatrix} \qquad (2\text{-}28)$$

式 (2-26)、式 (2-28) 相加，得到：

$$\begin{bmatrix} \lambda(1-\Gamma) & \Gamma\kappa_1 + 1 \\ \Gamma\kappa_1 + 1 & \lambda(1-\Gamma) \end{bmatrix} \begin{Bmatrix} A_1 \\ B_1 \end{Bmatrix} + (1-\Gamma)\begin{Bmatrix} C_1 \\ D_1 \end{Bmatrix} = \begin{bmatrix} 0 & \kappa_2 + 1 \\ \kappa_2 + 1 & 0 \end{bmatrix} \begin{Bmatrix} A_2 \\ B_2 \end{Bmatrix} \qquad (2\text{-}29)$$

式 (2-26) 乘以 Γ，与式 (2-28) 相加，得到：

$$\begin{bmatrix} 0 & \Gamma(\kappa_1 + 1) \\ \Gamma(\kappa_1 + 1) & 0 \end{bmatrix} \begin{Bmatrix} A_1 \\ B_1 \end{Bmatrix} = \begin{bmatrix} -\lambda(1-\Gamma) & \Gamma + \kappa_2 \\ \Gamma + \kappa_2 & -\lambda(1-\Gamma) \end{bmatrix} \begin{Bmatrix} A_2 \\ B_2 \end{Bmatrix} - (1-\Gamma)\begin{Bmatrix} C_2 \\ D_2 \end{Bmatrix}$$

$$(2\text{-}30)$$

结合 Dundurs 参数形式，令 $\alpha' = \kappa_2 + 1 - \Gamma(\kappa_1 + 1)$，$\beta' = \kappa_2 - 1 - \Gamma(\kappa_1 - 1)$，$\gamma' = \kappa_2 + 1 = \Gamma(\kappa_1 + 1)$，利用关系式 $\kappa_2 + 1 = (\alpha' + \gamma')/2$，$\Gamma(\kappa_1 + 1) = (\gamma' - \alpha')/2$，$1 - \Gamma = (\alpha' - \beta')/2$，将式中参数改写为 α'、β'、γ' 的形式，最后两边同除 γ'。结合关系式 $\alpha = \alpha'/\gamma'$，$\beta = \beta'/\gamma'$，推导出 Dundurs 参数形式：

$$\begin{bmatrix} \lambda(\alpha-\beta) & 1-\beta \\ 1-\beta & \lambda(\alpha-\beta) \end{bmatrix} \begin{Bmatrix} A_1 \\ B_1 \end{Bmatrix} + (\alpha-\beta)\begin{Bmatrix} C_1 \\ D_1 \end{Bmatrix} = \begin{bmatrix} 0 & 1+\alpha \\ 1+\alpha & 0 \end{bmatrix} \begin{Bmatrix} A_2 \\ B_2 \end{Bmatrix} \qquad (2\text{-}31)$$

$$\begin{bmatrix} 0 & 1-\alpha \\ 1-\alpha & 0 \end{bmatrix} \begin{Bmatrix} A_1 \\ B_1 \end{Bmatrix} = \begin{bmatrix} -\lambda(\alpha-\beta) & 1+\beta \\ 1+\beta & -\lambda(\alpha-\beta) \end{bmatrix} \begin{Bmatrix} A_2 \\ B_2 \end{Bmatrix} - (\alpha-\beta)\begin{Bmatrix} C_2 \\ D_2 \end{Bmatrix} \quad (2\text{-}32)$$

以上两式表示在界面连续条件中，材料常数的影响可以仅用 Dundurs 参数来描述。将式 (2-24) 和式 (2-25) 代入式 (2-32)，得到：

$$\begin{Bmatrix} A_1 \\ B_1 \end{Bmatrix} = \frac{1}{1-\alpha}\begin{bmatrix} 1+\beta+(\alpha-\beta)e^{-2i\lambda\theta_2} & -\lambda(\alpha-\beta)(1-e^{-2i\theta_2}) \\ -\lambda(\alpha-\beta)(1-e^{2i\lambda\theta_2}) & 1+\beta+(\alpha-\beta)e^{2i\lambda\theta_2} \end{bmatrix} \begin{Bmatrix} A_2 \\ B_2 \end{Bmatrix}$$

$$(2\text{-}33)$$

将式 (2-24) 和式 (2-25) 代入式 (2-31)，并引入中间函数：

$$\xi(\theta) = 1 - e^{2i\theta}, \quad K(\theta) = \sin^2(\lambda\theta) - \lambda^2\sin^2\theta \qquad (2\text{-}34)$$

得到：

$$\left[\begin{bmatrix} \lambda\begin{Bmatrix} \xi(-\theta_1)[1+\alpha-(\alpha-\beta)\xi(-\lambda\theta_2)] \\ -\xi(\theta_2)[1-\alpha+(\alpha-\beta)\xi(-\lambda\theta_1)] \end{Bmatrix} - (\alpha-\beta)\begin{bmatrix} \lambda^2\xi(-\theta_1)\xi(-\theta_2) \\ \xi(-\lambda\theta_1)\xi(\lambda\theta_2) \\ (1-\alpha)\xi(\lambda\theta_2)-(1+\alpha)\xi(-\lambda\theta_1) \end{bmatrix} \\ -(\alpha-\beta)\begin{bmatrix} \lambda^2\xi(\theta_1)\xi(\theta_2) \\ \xi(\lambda\theta_1)\xi(\lambda\theta_2) \\ (1-\alpha)\xi(-\lambda\theta_2)-(1+\alpha)\xi(-\lambda\theta_1) \end{bmatrix} \quad \lambda\begin{Bmatrix} \xi(\theta_1)[1+\alpha-(\alpha-\beta)\xi(\lambda\theta_2)] \\ -\xi(\theta_2)[1-\alpha+(\alpha-\beta)\xi(\lambda\theta_1)] \end{Bmatrix} \end{bmatrix} \times \begin{Bmatrix} A_2 \\ B_2 \end{Bmatrix} = 0$$

$$(2\text{-}35)$$

式（2-35）有非零解的条件为：

$$(1 + \alpha)^2 K(\theta_1) - 2[1 - \cos(2\lambda\theta_2)]K(\theta_1)(1 + \alpha)(\alpha - \beta) +$$

$$4K(\theta_1)K(\theta_2)(\alpha - \beta)^2 + 2[1 - \cos(2\lambda\theta_1)]K(\theta_2)(1 - \alpha)(\alpha - \beta) +$$

$$(1 - \alpha)^2 K(\theta_2) - (1 - \alpha^2)[K(\theta_1) + K(\theta_2) - K(\theta_1 + \theta_2)] = 0$$

$$(2-36)$$

式中，$K(\theta) = \sin^2(\lambda\theta) - \lambda^2 \sin^2\theta$。

　　在后续的界面端奇异应力场计算分析中，有无镀锡层以及不同基体材料的分析计算都涉及应力奇异性指数的计算，其相关指数的计算结果见表 2-1。

表 2-1　应力奇异性指数计算结果

材料组合	有锡层		无锡层		
	ZSnSb11Cu6	Sn	ZSnSb11Cu6	ZSnSb11Cu6	ZSnSb11Cu6
	Sn	30 钢	30 钢	40 钢	20 钢
特征值 λ	0	0.9016	0.912	0.9108	0.9101
对应的应力奇异性指数 ω	1	0.098	0.088	0.0892	0.0899

注：锡的化学符号为 Sn，文中使用的巴氏合金牌号为 ZSnSb11Cu6。

3 油膜轴承衬套结合界面装配应力模型

油膜轴承衬套与轴承座的装配形式有过盈配合和间隙配合，间隙配合需要使用法兰来固定衬套。大型油膜轴承综合试验台衬套的配合方式为过盈配合，结合具体的结构与工况，建立衬套结合界面的应力模型。采用厚壁圆筒理论对装配应力进行理论求解与仿真验证；对衬套"过渡区"应力进行理论推导，得到函数解析式，并根据许用结合强度，求出轴承实际承载的最大临界值；基于 Hertz 接触理论，对圆弧结合面处的应力峰值进行推导，得出解析式；对界面应力模型进行仿真分析与对比，为界面结合强度理论计算与试验验证奠定基础。

3.1 应力模型

3.1.1 实验装置

大型油膜轴承综合试验台是润滑油膜特性参数测试和油膜轴承研究的重要手段，是工程实践验证与理论测试研究必不可少的实验条件和中试平台[10]。其机械系统主要由直流电机、联轴器、旋转轴、静-动压油膜轴承、动压油膜轴承等组成，如图 3-1 所示。

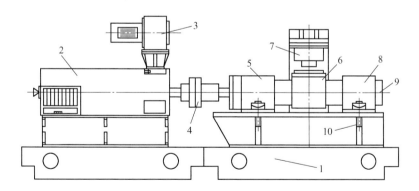

图 3-1 大型油膜轴承综合试验结构示意图

1—基础底座；2—直流电机；3—风机；4—联轴器；5, 8—静-动压油膜轴承；6—动压油膜轴承；
7—液压加载装置；9—旋转轴；10—机械平台

其中，动压油膜轴承衬套由钢套和巴氏合金层组成，轴承座与衬套的配合为过盈配合[11]，钢套材质为锻钢，巴氏合金牌号为 ZSnSb11Cu6，如图 3-2 所示。

衬套内表面装有压力、膜厚和温度传感器，对油膜轴承动压润滑油膜的性能进行测试与研究。

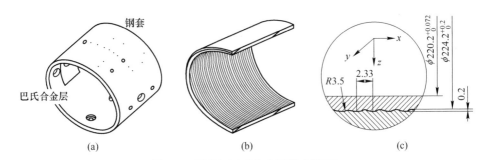

图 3-2　钢套与巴氏合金层结合界面

（a）衬套外形结构；（b）钢套结构；（c）界面结合处局部放大图

衬套的损伤与巴氏合金紧密相关，比如巴氏合金磨损、片状剥落、塑性流动、规则裂纹以及合金熔化等。大多数失效形式与巴氏合金和钢体的界面结合性能及应力分布有关，界面结合处的应力分布直接关系到油膜轴承衬套的使用维护和安全，界面结合强度是衡量衬套质量的重要指标。

实践生产经验表明：衬套加工过程中钢套（基体）挂金表面形状对衬套质量有显著影响。影响因素主要体现在表面粗糙度和接触面积。文中油膜轴承钢套挂金表面是螺旋形状（或称螺纹面），巴氏合金与钢套挂金表面所形成的接触面是圆弧面（如图 3-2(b)所示）。

3.1.2　装配应力关系

由衬套的作用可知，该类过盈连接仅用于固定作用，不传递载荷，通常受力较小，过盈量也较小。可将衬套与轴承座的材料视为弹性过盈连接。通常将 $(d_a - d_f)/d_f > 1/5 \sim 1/10$ 的圆筒定义为厚壁筒，$(d_a - d_f)/d_f < 1/5 \sim 1/10$ 定义为薄壁筒（d_a 为套筒外径；d_f 为内径）。圆筒厚薄不同，其装配变形和装配应力也有所不同。将轴承座近似看作"套筒"，需要该"套筒"与原有结构的轴承座具有相同的体积，计算得到其等效套筒外径 d_a，试验台衬套外径尺寸 d_f。通过以上的判断条件，近似后的轴承座可看作厚壁筒。

厚壁圆筒的假设条件：厚壁圆筒理论是基于远离封闭端的中间截面，可看作中心对称的压力施加于厚壁圆筒，筒壁的环形微元上所有的点会发生同样大小的位移，位移的大小与其半径有关。由于圆筒变形相对于轴线对称，圆筒上任意一层变形均为圆形扩张，任意一点发生的位移均为径向位移，相同半径圆周上各点的位移相同，不同半径圆周上各点的径向位移与半径大小相关[12]。

衬套的配合可看作组合圆筒的过盈，即内压力作用于外筒的内表面，外压力作用于内筒的外表面。依据厚壁圆筒理论，过盈连接依靠包容件与被包容件接触面之间的过盈量，接触面上会产生径向压力。包容件的内径向外膨胀，被包容件的外径向内收缩，两者变化量之和等于过盈量[13]。

对于内筒，只受外压力作用，可由厚壁圆筒理论得出内筒外径变化量为：

$$\delta_i = u \bigg|_{\rho = r_2} = -\frac{r_2 p}{E_i}\left(\frac{r_2^2 + r_1^2}{r_2^2 - r_1^2} - \nu_i\right) \tag{3-1}$$

式中，E_i、ν_i 分别为内筒材料的弹性模量和泊松比。

对于外筒，只受内压作用，可由厚壁圆筒理论得出外筒内半径变化量为：

$$\delta_e = u \bigg|_{\rho = r_2} = -\frac{r_2 p}{E_e}\left(\frac{r_2^2 + r_1^2}{r_2^2 - r_1^2} - \nu_e\right) \tag{3-2}$$

式中，E_e、ν_e 分别为外筒材料的弹性模量和泊松比。

由图 3-3 可知过盈量 δ 为：

$$\delta = |\delta_i| + |\delta_e| \tag{3-3}$$

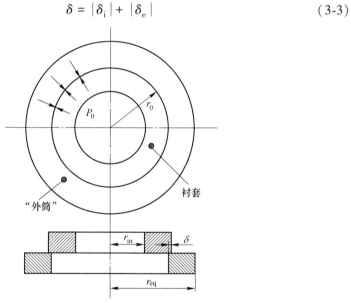

图 3-3 轴承衬套过盈配合示意图

将式 (3-1)、式 (3-2) 代入式 (3-3)，得过盈量与装配压力的关系为：

$$p = \frac{\delta}{r_2\left[\frac{1}{E_i}\left(\frac{r_2^2 + r_1^2}{r_2^2 - r_1^2} - \nu_i\right) + \frac{1}{E_e}\left(\frac{r_3^2 + r_2^2}{r_3^2 - r_2^2} + \nu_e\right)\right]} \tag{3-4}$$

当内外筒材料相同时，$E_i = E_e = E$，$\nu_i = \nu_e = \nu$，则式 (3-4) 简化为：

$$p = \frac{E\delta(r_3^2 - r_2^2)(r_2^2 - r_1^2)}{2r_2^3(r_3^2 - r_1^2)} \tag{3-5}$$

式中，r_1 为衬套钢体内径尺寸，mm；r_2 为轴承座内径（或衬套外径）尺寸，mm；r_3 为轴承座等效外筒外径尺寸，mm。

　　轴承座与衬套外层为同种钢体材料，由于衬套内层的巴氏合金层较薄，忽略其影响，从而简化计算。根据试验台衬套与轴承座的加工公差等因素，确定过盈量。从式（3-5）可知，调整过盈量可以减小衬套所受的装配应力，从而改善衬套的应力情况，提高其工作寿命。

3.1.3　受力定性分析

　　根据油膜轴承工作原理可知，随着轴颈的转动，润滑油将被带入楔形间隙形成压力油膜以支承外载荷，油膜压力的合力与外载荷相平衡。分析巴氏合金的受力情况，油膜对巴氏合金的压力 P' 分布正好与油膜对轴颈的压力 P 分布大小相等，方向相反。由于轴承座与衬套的配合为过盈配合，衬套同时承受一定的装配应力 P_0。油膜轴承钢套与巴氏合金界面结合处的受力情况如图 3-4 所示[14]。

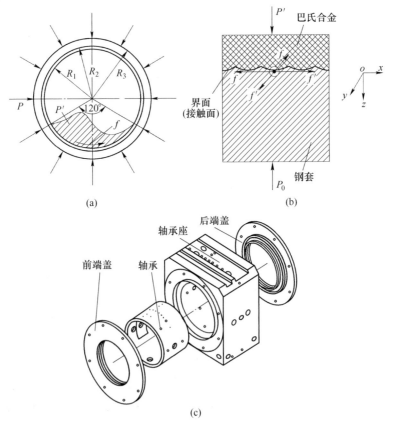

(a)　　　　　　　　　　　　　(b)

(c)

图 3-4　油膜轴承工作状态受力分析

（a）衬套受力示意图；（b）结合面受力示意图；（c）试验油膜轴承装配分解图

工作过程中衬套实际受到的力主要分为三个方面：油膜对于衬套径向的油膜压力、油膜对于衬套的周向摩擦力和衬套在过盈装配时受到的装配应力。图 3-4 （a）中，P 为衬套外表面受到的装配应力，MPa；P' 为衬套内表面受到的油膜压力，MPa；f 为油膜对于衬套内表面的摩擦力，N。

当巴氏合金受 P' 作用时，巴氏合金滑动位移阻力（f'）沿四周方向趋势不同，沿 x 方向发生位移比沿 y 方向发生位移困难（阻力大）。

3.1.4 装配应力计算

试验油膜轴承由衬套、轴承座、端盖、密封等组成，轴承座连接有各种供油、出油管路，轴承座与衬套上设有各类传感器的加工孔，如图 3-4 （c）所示。轴承座与衬套的配合采用过盈配合，装配后计算装配应力 P_0，采用厚壁圆筒理论求解。

轴承座与衬套的配合可看作是把两个圆筒套合在一起，但轴承座结构并非严格意义上的 "外筒"，需要对轴承座进行近似处理，将正方形外形结构简化为等效近似的圆形，并作出如下假设[15]：

（1）轴承座中无空隙、没有缺陷，认为材料连续均匀。

（2）轴承座设有传感器引出线槽，相对整个体积而言，去除体积很小，不影响对称性，可忽略不计。

（3）轴承座变形远小于自身的几何尺寸，可认为是小变形。

（4）轴承座上传感器加工孔由于检测位置的要求，具有不对称性，但孔直径较小，忽略上下倒角的影响，可认为质心仍在轴心线上。

运用上述假设，由几何对称性，轴承座近似处理为等效近似的 "外筒"，与轴承座现有外结构尺寸具有同样的体积，即剖面线部分的体积等于网面线部分的体积[16]，如图 3-5 所示。

衬套与轴承座的配合相当于组合厚壁圆筒，通过对轴承座进行三维建模，分析计算得到等效 "外筒" 的外径 r_{eq}。

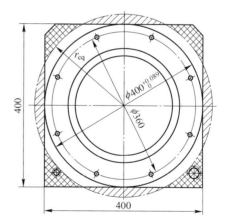

图 3-5 轴承座近似 "外筒" 示意图

对于衬套（或称内筒），装配应力 P_0 相当于外压力，可求得内筒外半径的缩短 δ_c；对于轴承座（或称 "外筒"）来说，装配应力 P_0 相当于内压力，可求得 "外筒" 内半径的伸长 δ_z。

配合后 δ_i 与 δ_e 绝对值之和应该等于过盈量 δ。经整理后由式（3-5）求解得

到装配压力 P_0。

　　为验证该方法的正确性，建立轴承座与衬套的三维模型，划分网格，设置仿真条件，对过盈装配应力进行仿真分析。

　　（1）材料设置：从材料库中分别对轴承座和钢套进行材料设置。

　　（2）过盈配合设置：模型定义中，对钢套外表面与轴承座内表面设置一接触对，设置 $u_0 = 0.000075/(122x)$，$v_0 = 0.000075/(122y)$，$w_0 = 0$，实现过盈量 δ 的配合。

　　（3）网格划分采用四面体单元。

　　图3-6为轴承座与钢套的四面体网格划分。图3-7为过盈接触面 Mises 应力云图。

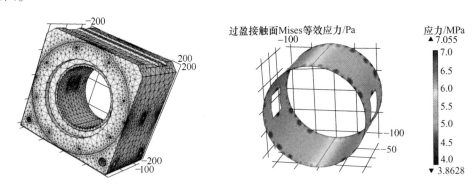

图 3-6　四面体网格划分　　　　图 3-7　过盈接触面 Mises 应力云图

　　对求解器的设置，为了使得求解收敛更快，求解方法设置为积分。以上设置为前处理设置。设置后计算求解，仿真分析结果如图3-8所示。

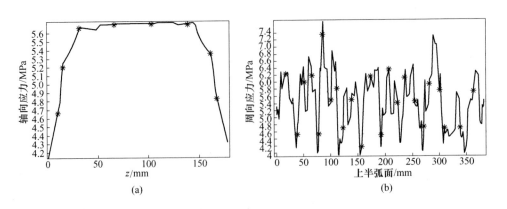

(a)　　　　　　　　　　　　　(b)

图 3-8　仿真分析结果

（a）轴向应力分布；（b）周向应力分布

计算结果分析：

（1）由图 3-8 可知：过盈接触面处最大应力为 7.055MPa，最小应力为 3.8628MPa。整个接触面上的装配应力模拟呈现中心对称分布，最大与最小值处发生在倒角、孔等边界处。

（2）图 3-8（a）为图 3-7 中上半弧面可见的轴向直线应力分布。应力分布呈现 n 型，中间应力有所波动，但比较稳定，两端偏小。结合导出数据可以知道，装配应力范围为 5.6~5.8MPa。模拟值与理论值的相对误差 ε_{as} 为：

$$\varepsilon_{as} = \left| \frac{P_0' - P_0}{P_0} \right| \times 100\% \approx 4.605\% < 5\% \tag{3-6}$$

式中，P_0' 为装配应力模拟值；ε_{as} 为模拟值与理论值的相对误差。

（3）图 3-8（b）给出图 3-7 中上半弧面可见的周向曲线应力分布。应力分布呈现脉冲形式，两端面处应力波动较明显。

根据理论计算和模拟结果可知，装配应力整个接触面上呈现中心对称分布，模拟值与理论值的相对误差在 5% 左右。误差产生的原因可能是：等效"外筒"与实际轴承座结构误差所致。可见仿真结果与理论推导一致，说明该仿真建模方法的正确性，可应用于后续的仿真计算分析。

3.1.5　建立应力模型

通过对巴氏合金与钢套界面结合处受力情况分析，界面结合处局部应力分布可看作两物体因受压相触后产生，满足下列条件假设：

（1）对钢套内表面进行处理，通过焊接工艺将巴氏合金黏合到钢套内表面。巴氏合金与钢套之间界面可以理解为是微米数量级的"过渡区"，因此，接触区变形很小。

（2）接触面是圆弧面，可近似看作接触面呈椭圆形。

（3）锡基巴氏合金 ZnSnSb11Cu6 的弹性模量约为 48GPa，钢套的弹性模量约为 206GPa。相接触的两种材料具有不同的弹性模量，且接触面具有对称性，即：钢套与巴氏合金层可分别看做是弹性半空间，z 方向承受径向力 σ；圆弧面与圆弧面的接触可看作是圆柱与圆柱接触，x 方向承受切向力 τ。

对满足以上假设的接触，针对圆弧面挂金表面可以用 Hertz 接触理论计算界面结合处的应力场。由于衬套壁厚与内半径相比不再是一个微小的量，沿衬套径向应力分布并不均匀，衬套可以用厚壁圆筒理论先计算"过渡区"的合应力 σ_{cs}。轴承衬套在油膜形成动压润滑稳定运行时的受力分析如图 3-9 所示[17]。

承载区包角通常取为 $\varphi = \frac{2}{3}\pi$，考虑宽径比 $\frac{B}{D} = 0.75$，取 $\varphi = 2$，即 $\varphi = 114°35'$。虽然 $\varphi < \frac{2}{3}\pi$，实际上被忽略的部分承载区位于出油口附近，其油压

接近零，并不影响计算结果。最大压力处油压 $\varphi_0 \approx \pi$，结合图 3-10 各角度几何关系得到：$\varphi_a = 84°35'$，$\varphi_1 = 65°25'$，$\varphi_2 = 185°25'$。因此，衬套承受内压包角为 $\varphi = 2$，进油口产生油压的角度 $\varphi' \approx 65°25' = 0.363\pi$。

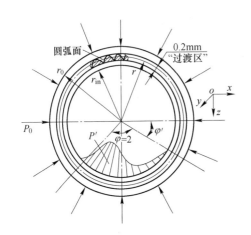 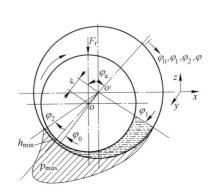

图 3-9　轴承衬套受力示意图　　　　　图 3-10　油压分布示意图

3.1.5.1　"过渡区"合应力

"过渡区"应力表达式为：

$$\begin{cases} \sigma_r = \dfrac{r_{in}^2 P' - r_0^2 P_0}{r_0^2 - r_{in}^2} - \dfrac{(P' - P_0) r_{in}^2 r_0^2}{r^2 (r_0^2 - r_{in}^2)} \\[3mm] \sigma_\varphi = \dfrac{r_{in}^2 P' - r_0^2 P_0}{r_0^2 - r_{in}^2} + \dfrac{(P' - P_0) r_{in}^2 r_0^2}{r^2 (r_0^2 - r_{in}^2)} \end{cases} \tag{3-7}$$

式中，σ_r 为"过渡区"位置处的径向力；σ_φ 为"过渡区"位置处的切向力；r 为"过渡区"截面半径。

由图 3-9 可知，"过渡区"合应力 σ_{cs} 是一个连续的分段函数，连续表达式为：

$$\sigma_{cs} = \sqrt{\sigma_r^2 + \sigma_\varphi^2} = \begin{cases} \dfrac{\sqrt{7.032 P'^2 - 83.94 P' + 253.1}}{0.2762} & (0.363\pi \leqslant \varphi \leqslant 3.140) \\[3mm] 57.60 & (3.140 \leqslant \varphi \leqslant 2.363\pi) \end{cases}$$

$$\tag{3-8}$$

不考虑巴氏合金与钢套挂金表面形状的情况下，式（3-8）计算得到的"过渡区"合应力 σ_{cs} 已经可以作为界面结合处应力的理论近似解，当"过渡区"合应力 σ_{cs} 小于等于其许用结合强度 $[\sigma]$ 时，可求出油膜轴承实际承载的临界最大值，即：

$$\frac{\sqrt{7.032{P'_{\max}}^2 - 83.94P'_{\max} + 253.1}}{0.2762} \leqslant [\sigma] = 70\text{MPa} \tag{3-9}$$

求解式（3-9）得到 $P'_{\max} = 13.234\text{MPa}$ ，即油膜轴承实际承载应小于临界最大值。

3.1.5.2 界面应力峰值

针对圆弧结合面，利用 Hertz 接触理论求解界面结合处的应力峰值，应力分解如图 3-11 所示。由于巴氏合金接触面为圆弧面，在圆弧与圆弧的交界处产生连续的应力集中，使巴氏合金易产生裂纹，若应力峰值达到其结合强度，将会使巴氏合金开裂。

试验油膜轴承对油膜压力的测试通过小型高温压力传感器实现[18]。在油膜承载区域（ $0.363\pi \leqslant \varphi \leqslant 3.140$），巴氏合金承受油膜压力 P' ，而其他区域不承受，因此，此区域的应力峰值可分解为径向力 σ 和切向力 τ ，其他区域认为只存在切向力 τ 。

当量弹性模量 E' 为：

$$\frac{1}{E'} = \frac{1}{2}\left(\frac{1-\mu_1^2}{E_1} + \frac{1-\mu_2^2}{E_2}\right) \tag{3-10}$$

式中，E_1、E_2 分别为两个弹性圆柱的弹性模量，μ_1、μ_2 分别为两个弹性圆柱的泊松比。

如图 3-12 所示，z 方向上的最大径向力 σ_0 为：

$$\sigma_0 = \frac{2\sigma_{cs}}{\pi aL} \tag{3-11}$$

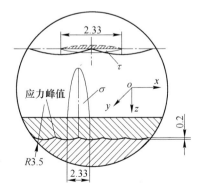

图 3-11 应力峰值分解示意图

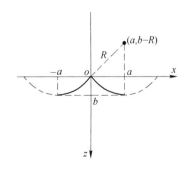

图 3-12 圆弧任一点几何关系示意图

式中，σ_{cs} 为作用载荷，由式（3-8）求得；a 为接触区的半宽，即 $a = 1.165$；L 为试验轴承衬套长度。

以圆弧交叉点处作为坐标原点，则 z 方向上径向力 σ 为：

$$\sigma = \sigma_0 \sqrt{1 - \frac{x^2}{a^2}} \quad (-a \leqslant x \leqslant a) \tag{3-12}$$

x 方向上，最大切向力 τ_0 为：

$$\tau_0 = \frac{E'b}{4R} \tag{3-13}$$

切向力 τ 按照 1/4 椭圆规律分布，即：

$$\tau = \tau_0 \sqrt{1 - \frac{z^2}{b^2}} \quad (0 \leqslant z \leqslant b) \tag{3-14}$$

圆弧上的任一点满足的几何关系（如图 3-12 所示）为：

$$(|x| - a)^2 + (z - b + R)^2 = R^2 \left(\begin{cases} -a \leqslant x \leqslant a \\ 0 \leqslant z \leqslant b \end{cases} \right) \tag{3-15}$$

接触区任一圆弧点处的应力峰值满足三角形原则，在交叉点处，应力峰值 σ_p 最大：

$$\sigma_p = \begin{cases} \sqrt{\sigma^2 + \tau^2} & (0.363\pi \leqslant \varphi \leqslant 3.140) \\ \tau_0 \sqrt{1 - \frac{z^2}{b^2}} & (3.140 \leqslant \varphi \leqslant 2.363\pi) \end{cases} \tag{3-16}$$

巴氏合金与钢套的弹性模量之比为 0.233 < 1，即钢套与巴氏合金的界面属于软合金硬基体系统，承载区剪切应力将分布不均匀，应力峰值明显。将式（3-12）、式（3-14）、式（3-15）代入式（3-16）即可求解得到界面结合处任一点的应力峰值，并且在非承载区应力峰值具有周期性。

3.2　模拟仿真

3.2.1　前处理设置

对试验油膜轴承进行 3D 建模，见图 3-13（a）。油膜轴承完整模型包含有多个螺栓零部件，比如密封垫圈、进出油管等。在不影响计算结果的基础上，为了减少计算量，对模型合理简化。简化后的装配体由衬套、轴承座组成，钢套与巴氏合金层之间设置上下各 120° 的螺纹面接触，不产生倒角、相交边等细小边界，如图 3-13（b）、（c）所示。简化后的模型进行网格划分，整个结构体表现出疏密不同的网格划分形式。网格划分完毕，设置每一个零部件的材料属性。

(a)

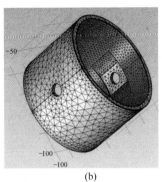
(b)

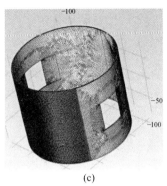
(c)

图 3-13　油膜轴承各相关零部件及网格划分

（a）油膜轴承 3D 装配模型；（b）衬套网格划分；（c）带螺纹面的巴氏合金层

添加一个全局参数，导入参数表。在之后的前处理设置中即可调用相应的参数来进行各种边界条件（如边界载荷、指定位移等）的设置。

（1）定义各零部件的接触及连接关系，可在后续的前处理边界条件设置中调用。

（2）定义边界条件时约束衬套内孔形成动压油膜的自由度。

（3）油膜压力设置。

针对模拟分析，对油膜压力的处理近似取为二次曲线，如图 3-14 所示。近似计算理论值，方便模拟值与理论值的对比分析。全局参数 $P_0 = 12\text{MPa}$，边界载荷设置为：

$$p：- P_0/78/78(x + 46)(x - 110)(- 55.05\cos(0.364 p_\text{i}) < x)$$
$$(x < 55.05\cos(p_\text{i} - 3.140))$$

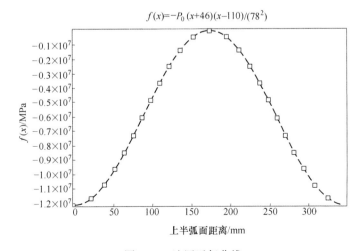

图 3-14　油压近似曲线

3.2.2　仿真结果分析

模拟仿真的研究对象为油膜轴承衬套，关键部位是钢套与巴氏合金层之间的界面。取巴氏合金层外表面（或钢套内表面）作为主要对象，并且在上半弧和上端轴线位置提取观测点研究该点处的应力响应情况。图 3-15、图 3-16 分别为"过渡区"界面应力分布云图、带螺纹面界面应力分布云图。

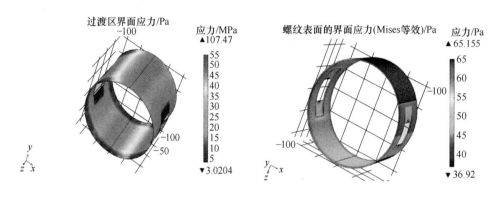

图 3-15　"过渡区"界面应力分布云图　　　图 3-16　带螺纹面界面应力分布云图

由图 3-15 分析可知，"过渡区"界面应力在承载区（$0.363\pi \leqslant \varphi \leqslant 3.140$ 范围）明显大于非承载区；除了孔边界极少的区域应力集中影响外，非承载区应力值最大约为 42MPa；承载区的应力值范围为 56 ~ 57MPa，与理论值 57.6MPa 相近。

由图 3-16 分析可知，与"过渡区"应力比较，带螺纹面的界面应力分布趋势一致。在承载区，相对"过渡区"界面应力，在螺纹面处应力值偏大，且呈现高低不均匀分布，应力峰值最大约为 61MPa；在非承载区，应力峰值具有周期性。

以下从周向、轴向两个角度，给出了"过渡区"与带螺纹面界面应力分布对比，如图 3-17 所示。

（1）"过渡区"和带螺纹面轴向应力分布趋势大致一致，呈现"U"形，两端压力较大，中间比较平稳。两端压力大，原因是孔、边应力集中现象，两个配合面并非真正的结合面。图 3-17（a）、（b）的分析结果与理论计算值较为吻合。

（2）图 3-17（c）所示为"过渡区"周向应力分布情况，圆弧取上半弧，可知在圆弧非承载区（$0 \leqslant \varphi \leqslant 0.363\pi$ 范围）与承载区的交界处有明显的应力突变。非承载区应力值在 5 ~ 10MPa 之间，与理论值 57.6MPa 有很大差别，边界效应非常明显，原因在于此处 45°倒边角的存在；承载区应力值在 40 ~ 45MPa 之间，

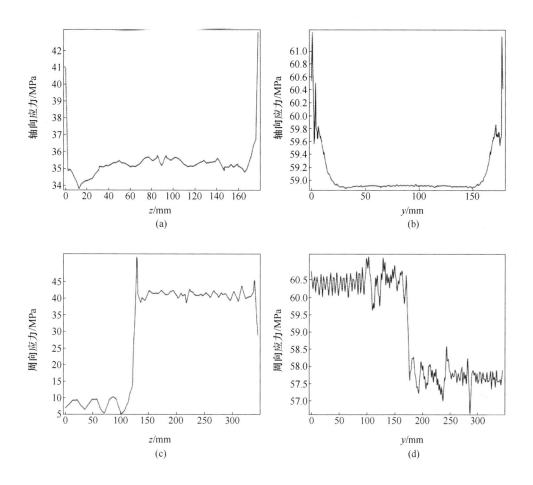

图 3-17 "过渡区"与带螺纹面界面应力分布对比

（图中轴向位置为两坐标连线，两坐标分别为（0，110.1，-89）、（0，110.1，89））

（a）"过渡区"轴向应力分布；（b）带螺纹面轴向应力分布；

（c）"过渡区"周向应力分布；（d）带螺纹面周向应力分布

相对来说，偏差不大（举例说明：坐标点为（0，110.1，-89）的应力计算理论值约为 39MPa，最大误差值约 15%）。

（3）图 3-17（d）所示为带螺纹面周向应力分布情况，圆弧取右半弧，变化趋势与"过渡区"周向应力分布类似，均存在应力突变，但整体应力变化波动频率不大。圆弧非承载区（$3.140 \leqslant \varphi \leqslant 1.5\pi$ 范围）应力值稳定在 57.5~58MPa 之间，与理论值 57.6MPa 甚是接近，承载区应力值在 60~60.5MPa 之间，具体偏差如表 3-1 所示。

表 3-1　采集点位置理论与模拟压力值对比

项　　目		采　集　点						误差均值
		1	2	3	4	5	6	/%
"过渡区"	理论压力值 /MPa	39.146	57.6	57.6	57.6	57.6	57.6	2.69
	模拟压力值 /MPa	41.035	58.639	57.059	57.181	59.255	60.469	
	误差/%	4.83	1.80	0.94	0.73	2.87	4.98	
带螺纹面	理论压力值 /MPa	62.165	57.6	58.421	57.6	57.1	57.1	2.08
	模拟压力值 /MPa	60.784	57.154	56.537	56.662	58.799	58.062	
	误差/%	2.22	0.77	3.22	1.63	2.98	1.68	

注：表中误差指相对误差，即模拟值与理论值的绝对误差与理论值之比。

3.2.3　结果对比分析

为便于定量分析对比，对式（3-8）中分段函数取其中一部分进行新函数定义，建立应变量 y 关于自变量 P'（油膜压力）的数学关系式为：

$$y = \sqrt{7.032P'^2 - 83.94P' + 253.1} \quad (P' \geqslant 0) \tag{3-17}$$

分别对式（3-17）、式（3-8）进行函数作图，如图 3-18 所示。

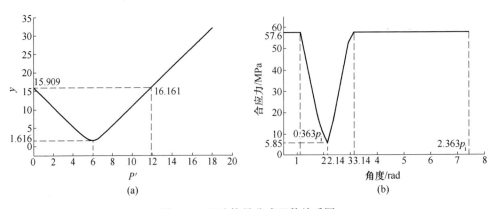

图 3-18　理论推导公式函数关系图

（a）式（3-17）的函数关系图；（b）式（3-8）的函数关系图

由图 3-18（a）和对关系式求导得出：应变量 y 在 $P' = 0$ 或 $P' = 12$ 处值相等，分别为 15.909、16.161，近似取值 $y = 16$；在 $P' \approx 6$ 处，应变量 y 取得最小值 $y = 1.616$。对应图 3-18（b），可知非承载区，合应力值为 57.6MPa；在承载区，函数在两加载交界点处值相等，交界点坐标分别为 $\varphi = 0.363\pi$ 或 $\varphi = 3.140$；且在 $\varphi = 2.14$ 处，应力值最小，即 σ_{cs} 最小值为 5.85MPa。从"过渡区"分析的角度来说，油膜压力在 12MPa 范围内，有利于设备安全运行，可靠性较高；当大于 12MPa 后，应力值将明显升高，极有可能引发各种失效。

对图 3-15、图 3-16 进行数据采集，将其与理论计算值进行对比。以界面圆形截面说明，数据点采集位置为 0 点、3 点、6 点、9 点（时钟顺时针方向）、外加承载区两边界点，编号依次按顺序表示。理论计算值与模拟值的对比分析如表 3-1 所示。

由表 3-1 可以得出：应力值在承载区与非承载区的交界点处，应力值变化较大，应力突变明显；带螺纹面的误差均值小于"过渡区"误差均值，但均小于 5%，说明模拟仿真方法较为可靠，对模型的修正还需要进行试验研究。

通过以上分析可知，要合理确定油膜轴承实际承载的临界最大值，不可超负荷运行，否则不仅会造成油膜的破裂，也会直接损失衬套内表面，使得维护返修成本加大。另外，介于应力值在承载区与非承载区的交界点处应力突变明显，在油膜轴承使用过程中，一定要注意加载力的加载稳定性，不可有过大的冲击，否则应力突变值将无法估计，降低设备的使用寿命。

4 油膜轴承衬套界面端奇异应力场

油膜轴承衬套由双金属或多层金属材料复合而成，载荷作用下衬套结合界面的端部将产生奇异应力场，且奇异应力场会对界面结合性能产生不可忽略的影响。通过建立综合考虑多种载荷作用下的界面端奇异应力场，并进行其相关参数的计算，分析巴氏合金端面以及不同钢体材料在界面端和结合界面附近的应力分布。基于应力场和界面力学，结合不同基体材料、巴氏合金层厚度和结合角度等相关参数进一步计算分析，得到与巴氏合金结合时应力最小的基体材料等。

4.1 衬套界面端部奇异应力场的建立

4.1.1 应力场模型的建立

本章主要研究油膜轴承衬套结合界面未发生破坏时，界面端附近的奇异应力场，故只针对界面端进行计算分析。界面端的计算模型已在第 2 章给出，参见图 2-4。应力场形式采用 Y. Y. Yang 和 D. Munz[19] 提出的形式：

$$\sigma_{ij}(r, \theta) = \sum_{k=1}^{N} \frac{K}{(r/L)^{\omega_k}} f_{ijk}(\theta) + \sigma_{ij0}(\theta) \tag{4-1}$$

式中，r 和 θ 为极坐标；L 为计算模型的特征长度，用 r/L 衡量计算点与奇异点之间的距离；ω_k 为应力奇异性指数，$\omega_k = 1 - \lambda_k$，ω_k 对应第 k 个特征值 λ_k；f_{ij} 为角函数，与结合材料的弹性模量、泊松比以及结合角度有关；K 为应力强度因子，是决定应力场奇异项大小的重要因素；σ_{ij0} 为常应力项，与应力奇异性指数的大小无关。

从以上应力场形式可知，奇异点附近的应力场形式由一个或几个奇异项的和以及一个常应力项组成。依据这一基本形式，建立界面端的奇异应力场形式如下。

4.1.1.1 基于弹性力学和界面力学建立基本方程组

采用 Y. Y. Yang 和 D. Munz 提出的应力函数形式：

$$\Phi_j(r, \theta) = \sum_{k=1}^{N} r^{(2-\omega_k)} \{ A_{jk}\sin(\omega_k\theta) + B_{jk}\cos(\omega_k\theta) + C_{jk}\sin[(2-\omega_k)\theta] +$$
$$D_{jk}\cos[(2-\omega_k)\theta] \} + r^2 [A_{j0}\theta + B_{j0} + C_{j0}\sin(2\theta) + D_{j0}\cos(2\theta)]$$
$$\tag{4-2}$$

式（4-2）中下标 j 分别对应结合界面上下两种材料（$j = 1$，2），应力函数中最后一项为常应力项对应的应力函数，即 $\sigma_0 = r^2[A_{j0}\theta + B_{j0} + C_{j0}\sin(2\theta) + D_{j0}\cos(2\theta)]$。

根据弹性力学中极坐标系下应力分量的坐标变换式：

$$\sigma_r = \frac{1}{r}\frac{\partial\Phi}{\partial r} + \frac{1}{r^2}\frac{\partial^2\Phi}{\partial\theta^2}, \quad \sigma_\theta = \frac{\partial^2\Phi}{\partial r^2}, \quad \tau_{r\theta} = -\frac{\partial}{\partial r}\left(\frac{1}{r}\frac{\partial\Phi}{\partial\theta}\right) \tag{4-3}$$

将应力函数代入式（4-3），分别得到以下应力分量的表达式：

$$\sigma_{jr} = \sum_k r^{-\omega_k}\{A_{jk}(2+\omega_k)(1-\omega_k)\sin(\omega_k\theta) + B_{jk}(2+\omega_k)(1-\omega_k)\cos(\omega_k\theta) -$$
$$C_{jk}(2-\omega_k)(1-\omega_k)\sin[(2-\omega_k)\theta] - D_{jk}(2-\omega_k)(1-\omega_k)\cos[(2-\omega_k)\theta]\} +$$
$$2[A_{j0}\theta + B_{j0} - C_{j0}\sin(2\theta) - D_{j0}\cos(2\theta)] \tag{4-4}$$

$$\sigma_{j\theta} = \sum_k r^{-\omega_k}(2-\omega_k)(1-\omega_k)\{A_{jk}\sin(\omega_k\theta) + B_{jk}\cos(\omega_k\theta) + C_{jk}[\sin(2-\omega_k)\theta] +$$
$$D_{jk}\cos[(2-\omega_k)\theta]\} + 2[A_{j0}\theta + B_{j0} + C_{j0}\sin(2\theta) + D_{j0}\cos(2\theta)] \tag{4-5}$$

$$\tau_{jr\theta} = -\sum_k r^{-\omega_k}(1-\omega_k)\{A_{jk}\omega_k\cos(\omega_k\theta) - B_{jk}\omega_k\sin(\omega_k\theta) + C_{jk}(2-\omega_k)\cos[(2-\omega_k)\theta] -$$
$$D_{jk}(1-\omega_k)\sin[(2-\omega_k)\theta]\} - 2\left[\frac{1}{2}A_{j0} + C_{j0}\cos(2\theta) - D_{j0}\sin(2\theta)\right] \tag{4-6}$$

根据极坐标系下的几何方程和物理方程式：

$$\varepsilon_r = \frac{\partial u}{\partial r}, \quad \varepsilon_\theta = \frac{u}{r} + \frac{1}{r}\frac{\partial v}{\partial\theta}, \quad \gamma_{r\theta} = \frac{1}{r}\frac{\partial u}{\partial\theta} + \frac{\partial v}{\partial r} - \frac{v}{r} \tag{4-7}$$

$$\varepsilon_r = \frac{1}{E}(\sigma_r - \nu\sigma_\theta) + \alpha\Delta T, \quad \varepsilon_\theta = \frac{1}{E}(\sigma_\theta - \nu\sigma_r) + \alpha\Delta T, \quad \gamma_{r\theta} = \frac{1}{G}\tau_{r\theta} \tag{4-8}$$

位移可以表示为：

$$u_j(r, \theta) = \sum_k \frac{r^{(1-\omega_k)}}{E_j}\{A_{jk}[2(1-\nu_j) + \omega_k(1+\nu_j)]\sin(\omega_k\theta) +$$
$$B_{jk}[2(1-\nu_j) + \omega_k(1+\nu_j)]\cos(\omega_k\theta) -$$
$$C_{jk}(1+\nu_j)(2-\omega_k)\sin[(2-\omega_k)\theta] -$$
$$D_{jk}(1+\nu_j)(2-\omega_k)\cos[(2-\omega_k)\theta]\} +$$
$$\frac{2r}{E_j}[A_{j0}\theta(1-\nu_j) + B_{j0}(1-\nu_j) - C_{j0}(1+\nu_j)\sin(2\theta) -$$
$$D_{j0}(1+\nu_j)\cos(2\theta)] + r\alpha_j\Delta T \tag{4-9}$$

$$v_j(r, \theta) = \sum_k \frac{r^{(1-\omega_k)}}{E_j}\{A_{jk}[2(1-\nu_j) + (2-\omega_k)(1+\nu_j)]\cos(\omega_k\theta) +$$

$$B_{jk}[2(1 - \nu_j) + (2 - \omega_k)(1 + \nu_j)]\sin(\omega_k\theta) -$$

$$C_{jk}(1 + \nu_j)(2 - \omega_k)\cos[(2 - \omega_k)\theta] +$$

$$D_{jk}(1 + \nu_j)(2 - \omega_k)\sin[(2 - \omega_k)\theta]\} +$$

$$\frac{2r}{E_j}[-C_{j0}(1 + \nu_j)\cos(2\theta) - D_{j0}(1 + \nu_j)\sin(2\theta)] +$$

$$F_{j0}r - \frac{4A_{j0}}{E_j}r\ln(r) \tag{4-10}$$

　　根据二维界面端的边界条件，即自由边界条件和边界连续性条件建立各应力分量及位移分量之间的关系如下：

　　界面连续性条件为：

$$\sigma_{\theta 1}(r, 0) = \sigma_{\theta 2}(r, 0), \quad \tau_{r\theta 1}(r, 0) = \tau_{r\theta 2}(r, 0),$$
$$u_1(r, 0) = u_2(r, 0), \quad v_1(r, 0) = v_2(r, 0)$$

　　自由边界条件为：

$$\sigma_{\theta 1} = 0, \quad \tau_{r\theta 1} = 0, \quad \sigma_{\theta 2} = 0, \quad \tau_{r\theta 2} = 0$$

　　联立得到以下线性方程组：

$$\sum_k r^{(1-\omega_k)}\left\{\frac{B_{1k}}{E_1}[2(1 - \nu_1) + \omega_k(1 + \nu_1)] - \frac{D_{1k}}{E_1}(1 + \nu_1)(2 - \omega_k) - \right.$$

$$\frac{B_{2k}}{E_2}[2(1 - \nu_2) + \omega_k(1 + \nu_2)] + \left.\frac{D_{2k}}{E_2}(1 + \nu_2)(2 - \omega_k)\right\} +$$

$$\frac{2r}{E_1}[B_{10}(1 - \nu_1) - D_{10}(1 + \nu_1)] - \frac{2r}{E_2}[B_{20}(1 - \nu_2) - D_{20}(1 + \nu_2)]$$

$$\approx r\Delta T(\alpha_2 - \alpha_1) \tag{4-11}$$

$$\sum_k r^{(1-\omega_k)}\left\{\frac{A_{1k}}{E_1}[2(1 - \nu_1) + (2 - \omega_k)(1 + \nu_1)] - \frac{C_{1k}}{E_1}(1 + \nu_1)(2 - \omega_k) - \right.$$

$$\frac{A_{2k}}{E_2}[2(1 - \nu_2) + (2 - \omega_k)(1 + \nu_2)] + \left.\frac{C_{2k}}{E_2}(1 + \nu_2)(2 - \omega_k)\right\} +$$

$$\frac{2r}{E_1}[-C_{10}(1 + \nu_1)] - \frac{2r}{E_2}[-C_{20}(1 + \nu_2)]$$

$$= F_{20}r - \frac{4A_{20}}{E_2}r\ln(r) - F_{10}r + \frac{4A_{10}}{E_1}r\ln(r) \tag{4-12}$$

$$\sum_k r^{-\omega_k}(2 - \omega_k)(1 - \omega_k)(B_{1k} + D_{1k} - B_{2k} - D_{2k}) + 2(B_{10} + D_{10} - B_{20} - D_{20}) = 0$$
$$\tag{4-13}$$

$$\sum_k r^{-\omega_k}(1 - \omega_k)[A_{1k}\omega_k + C_{1k}(2 - \omega_k) - A_{2k}\omega_k - C_{2k}(2 - \omega_k)] +$$
$$\tag{4-14}$$
$$(A_{10} + 2C_{10} - A_{20} - 2C_{20}) = 0$$

$$\sum_k r^{-\omega_k}(2 - \omega_k)(1 - \omega_k)\{A_{1k}\sin(\omega_k\theta_1) + B_{1k}\cos(\omega_k\theta_1) + C_{1k}[\sin(2 - \omega_k)\theta_1] +$$

$$D_{1k}\cos[(2 - \omega_k)\theta_1]\} + 2[A_{10}\theta_1 + B_{10} + C_{10}\sin(2\theta_1) + D_{10}\cos(2\theta_1)] = 0$$

$$(4-15)$$

$$\sum_k r^{-\omega_k}(\omega_k - 1)\{A_{1k}\omega_k\cos(\omega_k\theta_1) - B_{1k}\omega_k\sin(\omega_k\theta_1) + C_{1k}(2 - \omega_k)\cos[(2 - \omega_k)\theta_1] -$$

$$D_{1k}(1 - \omega_k)\sin[(2 - \omega_k)\theta_1]\} - [A_{10} + 2C_{10}\cos(2\theta_1) - 2D_{10}\sin(2\theta_1)] = 0$$

$$(4-16)$$

$$\sum_k r^{-\omega_k}(2 - \omega_k)(1 - \omega_k)\{A_{2k}\sin(\omega_k\theta_2) + B_{2k}\cos(\omega_k\theta_2) + C_{2k}[\sin(2 - \omega_k)\theta_2] +$$

$$D_{2k}\cos[(2 - \omega_k)\theta_2]\} + 2[A_{20}\theta_2 + B_{20} + C_{20}\sin(2\theta_2) + D_{20}\cos(2\theta_2)] = 0$$

$$(4-17)$$

$$\sum_k r^{-\omega_k}(\omega_k - 1)\{A_{2k}\omega_k\cos(\omega_k\theta_2) - B_{2k}\omega_k\sin(\omega_k\theta_2) + C_{2k}(2 - \omega_k)\cos[(2 - \omega_k)\theta_2] -$$

$$D_{2k}(1 - \omega_k)\sin[(2 - \omega_k)\theta_2]\} - [A_{20} + 2C_{20}\cos(2\theta_2) - 2D_{20}\sin(2\theta_2)] = 0$$

$$(4-18)$$

求解以上方程组,即可求得各系数,从而得到应力分量和位移分量的计算方法。针对某一确定的 ω_k ,方程组中包含有 $A_{1k} \sim D_{1k}$、$A_{2k} \sim D_{2k}$、$A_{10} \sim D_{10}$ 以及 $A_{20} \sim D_{20}$ 16 个待定系数,根据方程特点将方程分为两部分。方程组中的每个方程都包含与应力奇异性指数 ω_k 无关的常应力项对应的系数,故 8 个方程中的常应力项应分别满足各方程右侧的值。依据常应力项特点,分别构建关于奇异项和常应力项的两个线性方程组。

由只包含奇异项的方程组可以确定奇异应力场的角函数表达式。Y. Y. Yang 和 D. Munz 针对直角结合界面端给出了角函数中各系数的具体表达式,为了满足界面主应力对应的角函数值为 1,对角函数的形式进行了调整,具体表示如下:

$$f_{jr} = \{A_j(2 + \omega)\sin(\omega\theta) + B_j(2 + \omega)\cos(\omega\theta) - C_j(2 - \omega)[\sin(2 - \omega)\theta] -$$

$$D_j(2 - \omega)[\cos(2 - \omega)\theta]\}/[(2 - \omega)(B_j + D_j)]$$

$$(4-19)$$

$$f_{j\theta} = \{A_j\sin(\omega\theta) + B_j\cos(\omega\theta) + C_j[\sin(2 - \omega)\theta] +$$

$$D_j[\cos(2 - \omega)\theta]\}/(B_j + D_j) \qquad (4-20)$$

$$f_{jr\theta} = \{A_j\omega\cos(\omega\theta) - B_j\omega\sin(\omega\theta) + C_j(2 - \omega)\cos[(2 - \omega)\theta] -$$

$$D_j(2 - \omega)\sin[(2 - \omega)\theta]\}/[(2 - \omega)(B_j + D_j)] \qquad (4-21)$$

依据角函数计算公式,分别对文中涉及的镀锡层作为中间层以及巴氏合金与不同材料基体直接结合情况下的角函数进行计算,计算方法详见附录,结果见表 4-1。

表 4-1　不同材料组合应力场角函数系数计算值[20]

材料组合 对应系数值	Sn 30 钢	ZSnSb11Cu6 30 钢	ZSnSb11Cu6 40 钢	ZSnSb11Cu6 20 钢
A_1	1	1	1	1
B_1	−0.7963	−0.9322	−1.0439	−0.9394
C_1	−0.1253	−0.1882	0.1595	0.1632
D_1	−0.2753	−0.26	−0.7566	−0.7735
A_2	14.2833	23.6537	21.8358	22.6285
B_2	−0.4293	−0.5718	−0.5182	−0.5703
C_2	0.0213	0.0209	0.0001	0.0214
D_2	−0.984	−1.0461	−1.078	−1.1418

4.1.1.2　常应力项的计算

上一节分析了常应力项对应系数的求解方法，由于油膜轴承衬套在实际工作中，受到油膜压力和油膜温度两种载荷的作用，油膜温度随着轧机的运转呈非线性上升，同时，油膜压力在轧机运转稳定且不考虑冲击载荷影响的情况下是基本保持不变。综合考虑在压力和温度两种载荷作用下的应力场，针对常应力项，分别分析两种载荷对应力场的影响。

在温度载荷作用下，常应力项的方程组为：

$$
\begin{cases}
\dfrac{2r}{E_1}\left[B_{10}(1-\nu_1)-D_{10}(1+\nu_1)\right] - \dfrac{2r}{E_2}\left[B_{20}(1-\nu_2)-D_{20}(1+\nu_2)\right] = r\Delta T(\alpha_2-\alpha_1) \\[2mm]
-\dfrac{2r}{E_1}(1+\nu_1)C_{10} + \dfrac{2r}{E_2}(1+\nu_2)C_{20} - F_{20}r + \dfrac{4A_{20}}{E_2}r\ln r + F_{10}r - \dfrac{4A_{10}}{E_1}r\ln r = 0 \\[2mm]
B_{10} + D_{10} - B_{20} - D_{20} = 0 \\[1mm]
A_{10} + 2C_{10} - A_{20} - 2C_{20} = 0 \\[1mm]
A_{10}\theta_1 + B_{10} + C_{10}\sin(2\theta_1) + D_{10}\cos(2\theta_1) = 0 \\[1mm]
A_{20}\theta_2 + B_{20} + C_{20}\sin(2\theta_2) + D_{20}\cos(2\theta_2) = 0 \\[1mm]
A_{10} + 2C_{10}\cos(2\theta_1) - 2D_{10}\sin(2\theta_1) = 0 \\[1mm]
A_{20} + 2C_{20}\cos(2\theta_2) - 2D_{20}\sin(2\theta_2) = 0
\end{cases}
$$

$$(4-22)$$

对方程组第二个方程等号两边同时除以 r，则方程中仍含有 r 的项为 $(4/E_2)A_{20}\ln r - (4/E_1)A_{10}\ln r$，故此项一定为零，得到 A_{10} 与 A_{20} 的关系式：$A_{10}(E_2/E_1)=A_{20}$，由于包含 F_{10} 和 F_{20} 的方程组有 10 个未知参数，利用前面推

出的关系将第二个方程替换，得到可以求解的方程组。由于不计算位移分量，故不再对 F_{10} 和 F_{20} 进行讨论。

在温度载荷作用下的界面端应力场的常应力项计算公式，依据 D. Munz 给出的任意角度结合界面端常应力项的通解，结合油膜轴承衬套界面端直角结合的特点，得到直角结合界面端常应力项的计算公式为：

$$\sigma_{1r0} = \sigma_{2r0} = 2B_{10}(1 - \cos 2\theta) = \frac{E_2 \Delta T(\alpha_2 - \alpha_1)}{4\beta(\mu + 1) - 2(\mu - 1)}(1 - \cos 2\theta) \tag{4-23}$$

$$\sigma_{1\theta0} = \sigma_{2\theta0} = 2B_{10}(1 + \cos 2\theta) = \frac{E_2 \Delta T(\alpha_2 - \alpha_1)}{4\beta(\mu + 1) - 2(\mu - 1)}(1 + \cos 2\theta) \tag{4-24}$$

$$\sigma_{1r\theta} = \sigma_{2r\theta} = \frac{E_2 \Delta T(\alpha_2 - \alpha_1)}{2\beta(\mu + 1) - 1(\mu - 1)}\sin\theta\cos\theta \tag{4-25}$$

在外载荷作用下，由于与温度不再相关，故将常应力项方程组中涉及温度的项去除，得到以下方程组：

$$\begin{cases} 2(E_2/E_1)(1 - \nu_1)B_{10} - 2(E_2/E_1)(1 + \nu_1)D_{10} - 2(1 - \nu_2)B_{20} + 2(1 + \nu_2)D_{10} = 0 \\ (E_2/E_1)A_{10} - A_{20} = 0 \\ B_{10} + D_{10} - B_{20} - D_{20} = 0 \\ A_{10} + 2C_{10} - A_{20} - 2C_{20} = 0 \\ A_{10}\theta_1 + B_{10} + C_{10}\sin(2\theta_1) + D_{10}\cos(2\theta_1) = 0 \\ A_{20}\theta_2 + B_{20} + C_{20}\sin(2\theta_2) + D_{20}\cos(2\theta_2) = 0 \\ A_{10} + 2C_{10}\cos(2\theta_1) - 2D_{10}\sin(2\theta_1) = 0 \\ A_{20} + 2C_{20}\cos(2\theta_2) - 2D_{20}\sin(2\theta_2) = 0 \end{cases}$$

$$\tag{4-26}$$

由于方程组为齐次线性，需要先验证是否存在非零解。将衬套材料的相关参数代入方程组行列式，解得行列式不为零，故在外加力场作用下的常应力项为零，这是由衬套复合材料的物理性能决定的，与其他因素无关。

综合奇异应力项和常应力项的解析形式，给出界面端应力场的完整形式：

$$\sigma_{jr} = \frac{K}{(r/L)^\omega} \frac{1}{(2 - \omega)(B_j + D_j)}\{A_j(2 + \omega)\sin(\omega\theta) + B_j(2 + \omega)\cos(\omega\theta) -$$

$$C_j(2 - \omega)[\sin(2 - \omega)\theta] - D_j(2 - \omega)[\cos(2 - \omega)\theta]\} +$$

$$\frac{E_2 \Delta T(\alpha_2 - \alpha_1)}{4\beta(\mu + 1) - 2(\mu - 1)}(1 - \cos 2\theta)$$

$$\tag{4-27}$$

$$\sigma_{j\theta} = \frac{K}{(r/L)^\omega} \frac{1}{(B_j + D_j)} \{A_j\sin(\omega\theta) + B_j\cos(\omega\theta) + C_j[\sin(2-\omega)\theta] +$$

$$D_j[\cos(2-\omega)\theta]\} + \frac{E_2\Delta T(\alpha_2 - \alpha_1)}{4\beta(\mu + 1) - 2(\mu - 1)}(1 + \cos2\theta)$$

$$(4-28)$$

$$\sigma_{jr\theta} = \frac{K}{(r/L)^\omega} \frac{-1}{(2-\omega)(B_j + D_j)} \{A_j\omega\cos(\omega\theta) - B_j\omega\sin(\omega\theta) +$$

$$C_j(2-\omega)\cos[(2-\omega)\theta] - D_j(2-\omega)\sin[(2-\omega)\theta]\} +$$

$$\frac{E_2\Delta T(\alpha_2 - \alpha_1)}{2\beta(\mu + 1) - 1(\mu - 1)}\sin\theta\cos\theta$$

$$(4-29)$$

根据二向应力状态，最大主应力和最大剪应力计算公式：

$$\sigma_{max} = \frac{\sigma_x + \sigma_y}{2} + \sqrt{\left(\frac{\sigma_x - \sigma_y}{2}\right)^2 + \tau_{xy}^2}, \quad \tau_{max} = \sqrt{\left(\frac{\sigma_x - \sigma_y}{2}\right)^2 + \tau_{xy}^2} \quad (4-30)$$

4.1.2 界面端奇异应力场参数

由第 12 章微观试验结果可知，巴氏合金与钢体结合过程中会在结合界面处产生一层大约 11.5μm 厚的 $FeSn_2$ 过渡层。根据试验结果，使用式（4-27）～式（4-29）计算 ZChSnSb 分别与不同基体结合时以及 $FeSn_2$ 与不同钢体结合时界面端奇异应力场。不同型号钢体、$FeSn_2$ 和 ZChSnSb 的物理性能见表 4-2。

表 4-2 基体材料物理性能

材　料	弹性模量/GPa	泊松比	线膨胀系数/K^{-1}	热导率/W $(m\ K)^{-1}$
$FeSn_2$	135.57	0.217	4.02×10^{-6}	—
20 钢	213	0.282	11.9×10^{-6}	48
30 钢	217	0.317	11.16×10^{-6}	53
40 钢	209	0.27	9×10^{-6}	48
ZSnSb8Cu4	57	0.36	23.2×10^{-6}	38.52

根据式（2-36），求得 ZChSnSb/$FeSn_2$/钢体模型中相应界面的奇异应力性指数，计算结果如表 4-3 所示。

表 4-3 特征值和应力奇异性指数计算结果

材料组合 参数	ZSnSb8Cu4				$FeSn_2$		
	20 钢	30 钢	40 钢	$FeSn_2$	20 钢	30 钢	40 钢
特征值 λ	0.9030	0.9038	0.9039	0.9418	0.9958	0.9977	0.9956
奇异性指数 ω	0.0970	0.0962	0.0961	0.0582	0.0042	0.0023	0.0044

通过界面端奇异应力场角函数相关系数计算公式，对巴氏合金/钢体结合界面进行计算，得到巴氏合金与 $FeSn_2$ 以及 $FeSn_2$ 与不同钢体界面端奇异应力场相关系数，计算结果见表 4-4。常应力项 S 根据式（4-31）计算：

$$S = \frac{E_2 \Delta T (\alpha_2 - \alpha_1)}{4\beta(\mu + 1) - 2(\mu - 1)} \tag{4-31}$$

式中，α_1 和 α_2 分别为材料 1 和 2 的线膨胀系数，$\mu = E_2/E_1$。

应力强度因子 K 可由经验公式（4-32）[21,22]求得：

$$K = 0.124941\alpha^4 + 0.126586\beta^4 - 0.67863\alpha^3\beta - 3.54003\alpha\beta^3 + 2.1814\alpha^2\beta^2 -$$
$$0.119702\alpha^2 + 0.00265067\alpha\beta + 0.569037\beta^2 + 0.101136$$

$$\tag{4-32}$$

表 4-4　界面端奇异应力场相关参数计算结果

材料组合 相关参数	ZSnSb8Cu4				$FeSn_2$		
	20 钢	30 钢	40 钢	$FeSn_2$	20 钢	30 钢	40 钢
A_1	0.7421	0.7459	0.7374	0.5942	0.3089	0.3142	0.2982
B_1	-0.2538	-0.2518	-0.2509	-0.1405	-0.0082	-0.0045	-0.0085
C_1	0.0489	0.0480	0.0482	0.0201	0.00014	0.00004	0.00017
D_1	-0.1951	-0.1592	-0.1924	-0.1087	-0.0079	-0.0044	-0.0082
A_2	4.8633	5.0357	4.7217	2.3873	1.2029	1.3057	1.1259
B_2	-0.1372	-0.1382	-0.1360	-0.0901	-0.0078	-0.0044	-0.0081
C_2	0.0085	0.0082	0.0087	0.0075	0.00009	0.00003	0.00011
D_2	-0.7113	-0.7374	-0.6823	-0.2265	-0.0115	-0.0067	-0.0116
常应力项 S	9.55×10^3	1.032×10^4	1.212×10^4	1.94×10^4	-2.71×10^4	-2.20×10^4	-1.79×10^4
强度因子 K	0.0816	0.0819	0.0817	0.0890	0.1008	0.1014	0.1007

注：角标 1 表示上层材料界面端应力场参数；2 表示下层材料界面端应力场参数。

4.1.3　界面端奇异应力场计算

对巴氏合金与不同钢体材料的结合界面端应力场进行计算分析。奇异性应力场表达式（4-27）~式（4-29）中，r 和 θ 为材料任意点的极坐标，r 位于复合材料内部，并且垂直于界面端的任意平面。因此，可以将 r 和 θ 分解为与界面端距离 x 和与界面距离 y 两个分量，其中，$x, y \in [0.001, 0.05]$。针对 ZChSnSb/不同钢体材料和 ZChSnSb/$FeSn_2$ 模型，由式（4-30）编程计算出对应模型的最大奇异性应力场分布。ZChSnSb/$FeSn_2$ 应力分布计算结果如图 4-1 所示，ZChSnSb/不同钢体材料计算结果如图 4-2 所示。其中，公式中特征长度 L 依据太原科技大学自主研发的大型油膜轴承综合实验台轴承尺寸，取值 $L=165$ mm。

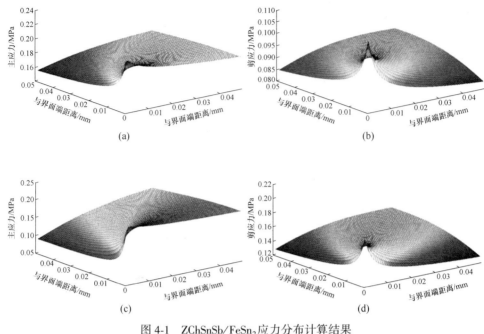

图 4-1　ZChSnSb/FeSn$_2$ 应力分布计算结果

（a）巴氏合金端主应力；（b）巴氏合金端剪应力；

（c）FeSn$_2$ 层主应力；（d）FeSn$_2$ 层剪应力

仅对奇异性应力与界面距离之间的关系进行分析。计算 $x = 0.001$ 时，应力值随 y 的变化情况，计算结果如图 4-2 所示。

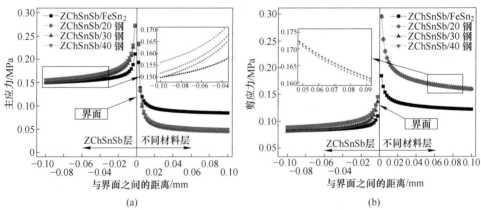

图 4-2　ZChSnSb/FeSn$_2$ 和 ZChSnSb/不同钢体模型应力值随与界面距离变化的分布情况

（a）主应力；（b）剪应力

由图 4-2（a）可以发现，当 ZChSnSb 分别与 FeSn$_2$、20 钢、30 钢、40 钢结合时，上层材料的主应力大于下层材料的主应力。分析巴氏合金层的主应力，发

现在界面附近（$|y| < 0.04\text{mm}$），ZChSnSb 与 FeSn$_2$ 结合时的主应力最小。观察图 4-2（b）发现，下层材料的剪应力大于上层材料的剪应力。分析下层材料的剪应力，发现在界面附近（$|y| < 0.04\text{mm}$），同样是 ZChSnSb 与 FeSn$_2$ 结合时的剪应力最小。

同理，计算 FeSn$_2$ 分别与 20 钢、30 钢、40 钢结合时的奇异性应力分布，计算结果不再一一列出。将 $x = 0.001$ 时，应力值随 y 变化情况统计如图 4-3 所示。

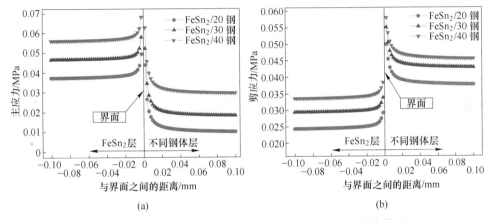

图 4-3　FeSn$_2$/不同钢体应力值随与界面距离变化的分布情况

（a）主应力；（b）剪应力

由图 4-3（a）可以得出，当 FeSn$_2$ 分别与 20 钢、30 钢、40 钢结合时，上层材料 FeSn$_2$ 的主应力大于下层钢体材料的主应力。分析 FeSn$_2$ 层的主应力发现，FeSn$_2$ 与 20 钢结合时的主应力最小。观察图 4-3（b）发现，下层材料的剪应力大于上层材料的剪应力。分析下层材料的剪应力发现，同样是 FeSn$_2$ 与 20 钢结合时的剪应力最小。

对比图 4-2（a）和图 4-3（a），当巴氏合金为上层材料或者 FeSn$_2$ 为上层材料时，上层材料的主应力均大于下层材料的主应力。并且巴氏合金与 FeSn$_2$ 结合时的主应力大于 FeSn$_2$ 与不同钢体结合的主应力。观察对比图 4-2（b）和图 4-3（b），当巴氏合金为上层材料或者 FeSn$_2$ 为上层材料时，下层材料的剪应力均大于上层材料的剪应力。同样，巴氏合金与 FeSn$_2$ 结合时的剪应力大于 FeSn$_2$ 与不同钢体结合的剪应力。

通过上述分析可以得出，FeSn$_2$ 能有效减小巴氏合金与钢体直接结合时的奇异应力，并且 20 钢更适合作为与巴氏合金结合的基体材料。在 ZChSnSb/FeSn$_2$/不同钢体模型中，ZChSnSb/FeSn$_2$ 形成的结合界面为危险界面。

4.1.4　三维油膜压力作用下应力强度因子计算

由于油膜轴承衬套的受载形式比较特殊，油膜压力沿轴向和径向均存在连续性变化，最小油膜厚度处油膜压力达到最大，故二维模型中施加的油膜压力并不能真实反映衬套的实际受载情况，需要通过在三维模型中施加真实的油膜压力以及温度载荷进行模拟分析，为应力强度因子的计算提供依据[23]。

运用有限差分法，综合雷诺方程、流体控制方程、质量守恒方程、动量守恒方程以及能量守恒方程，以相对间隙、轴承宽径比、转速、偏心率等参数作为控制变量[24]，求解油膜压力的大小及分布，从而为三维模拟中油膜力的加载提供依据。油膜压力分布的计算结果如图 4-4 所示。

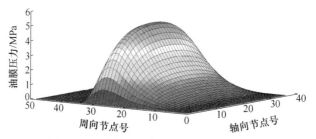

图 4-4　油膜轴承衬套承载区油膜压力分布

依据衬套承载区油膜压力分布的计算结果，对衬套承载区上表面节点进行划分，对不同区域节点分别施加油膜压力。油膜压力值通过区域节点数进行计算，衬套承载区划分后不同区域的节点数参如图 4-5 所示。其中 LOAD-A1 为油膜压力最大的区域，LOAD-A21 到 LOAD-A24 依次环绕 A1 区域。衬套模型及其对应的油膜压力加载结果如图 4-6 所示[25]。

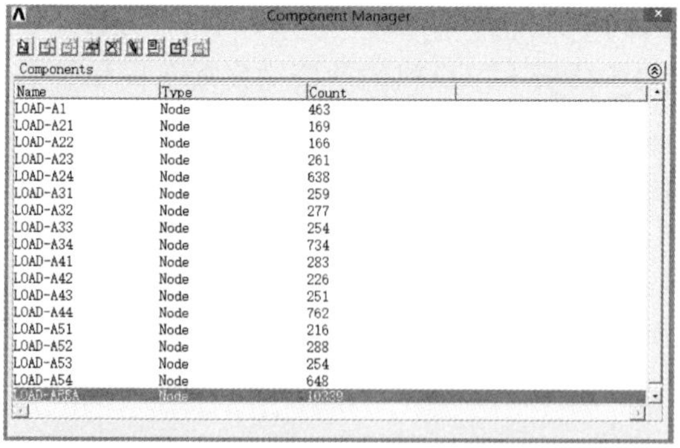

Component Manager		
Components		
Name	Type	Count
LOAD-A1	Node	463
LOAD-A21	Node	169
LOAD-A22	Node	166
LOAD-A23	Node	261
LOAD-A24	Node	638
LOAD-A31	Node	259
LOAD-A32	Node	277
LOAD-A33	Node	254
LOAD-A34	Node	734
LOAD-A41	Node	283
LOAD-A42	Node	226
LOAD-A43	Node	251
LOAD-A44	Node	762
LOAD-A51	Node	216
LOAD-A52	Node	288
LOAD-A53	Node	254
LOAD-A54	Node	648
LOAD-AREA	Node	10359

图 4-5　衬套承载区区域划分节点数

对模型施加位移约束时，考虑油膜轴承衬套安装在轴承座内，将总体坐标系由笛卡尔坐标系旋转为柱坐标系，并将衬套外表面全部节点的节点坐标系旋转到当前激活的坐标系，从而对衬套外表面施加径向约束。以钢体层内表面节点应力值计算结果作为界面层的应力值。模拟中涉及的材料参数见表 4-5。

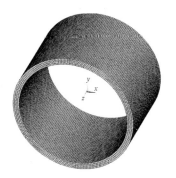

图 4-6　油膜轴承衬套模型及油膜压力加载方式

表 4-5　材料物理性能

材　　料	弹性模量/GPa	泊松比	线膨胀系数/K⁻¹	热导率/W·(m·K)⁻¹
30 钢	217	0.317	$11.16×10^{-6}$	53
ZSnSb11Cu6	48	0.28	$23×10^{-6}$	33.49
Sn	55	0.357	$23.5×10^{-6}$	66.8

部分模拟结果如图 4-7 所示。

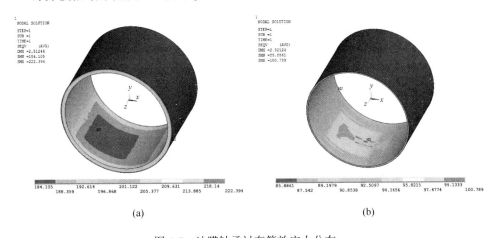

(a)　　　　　　　　　　　　(b)

图 4-7　油膜轴承衬套等效应力分布

（a）钢体层；（b）巴氏合金层

根据有限元模拟结果，按式（4-33）对应力强度因子进行求解：

$$\lg[\sigma_{ij}^{FE}(r,\theta) - \sigma_0 f_{ij0}(\theta)] = \omega\lg(r) + \lg[Kf_{ij}(\theta)] \tag{4-33}$$

式中，$\sigma_{ij}^{FE}(r,\theta)$ 为有限元模拟值。

将本章涉及的镀锡层作为中间层、巴氏合金与 30 钢基体直接结合以及不同基体情况下对应的应力强度因子以及常应力项的计算结果单独列出，见表 4-6。

表 4-6 常应力项和应力强度因子计算值

材料组合	Sn 30 钢	ZSnSb11Cu6 30 钢	ZSnSb11Cu6 40 钢	ZSnSb11Cu6 20 钢
常应力项	65.2	71.64	84.78	67.68
应力强度因子	49.431	41.68	22.274	47.195

4.2 镀锡层对结合界面端应力场的影响

4.2.1 无镀锡层结合界面端附近应力场分析

在衬套的实际生产过程中，传统使用离心浇铸的方法使巴氏合金与钢体相结合，为了提高巴氏合金与钢体的结合强度，会在钢体层内表面上镀一层锡，在工程实际中称之为"挂锡"[26,27]。从化学角度分析，挂锡的目的就是使用一种既与巴氏合金有良好亲和作用，又与作为基体的钢体具有较好的结合性能的材料。由于锡层材料中含有锡原子、二价亚锡离子以及铁原子，对巴氏合金中的锡原子以及基体碳钢中的铁原子都具有比较强的吸附能力，故锡层作为中间层，可以提高衬套的结合强度。

从界面奇异应力场的角度分析，镀锡层实际上改变了界面端的应力场，形成了巴氏合金层与锡层、锡层与钢体层相互结合的复合界面。由于锡材料的物理性能，包括弹性模量、泊松比、线膨胀系数等都与巴氏合金不同，故从 Dundurs 参数到应力奇异性指数都发生了改变。以 30 钢作为衬套基体，巴氏合金层为耐磨层，对有无镀锡层时的界面端应力场进行分析。

在巴氏合金与钢体直接结合情况下，界面端附近的奇异应力场如下，其中的各项系数已经在 4.1.1 节给出。

巴氏合金层界面端附近应力场：

$$
\begin{cases}
\sigma_{1r} = \dfrac{41.68}{(r/L)^{0.088}}\big[-0.916\sin(0.088\theta) + 0.8539\cos(0.088\theta) - \\
\qquad 0.1579\sin(1.912\theta) - 0.2181\cos(1.912\theta)\big] + 71.64(1 - \cos2\theta) \\
\sigma_{1\theta} = \dfrac{41.68}{(r/L)^{0.088}}\big[-0.8388\sin(0.088\theta) + 0.7819\cos(0.088\theta) + \\
\qquad 0.1579\sin(1.912\theta) + 0.2181\cos(1.912\theta)\big] + 71.64(1 + \cos2\theta) \\
\tau_{1r\theta} = \dfrac{41.68}{(r/L)^{0.088}}\big[0.0386\cos(0.088\theta) + 0.036\sin(0.088\theta) - \\
\qquad 0.1579\cos(1.912\theta) + 0.2181\sin(1.912\theta)\big] + 143.28\sin(\theta)\cos(\theta)
\end{cases}
$$

$$(4\text{-}34)$$

钢体层界面端附近应力场：

$$\begin{cases} \sigma_{2r} = \dfrac{41.68}{(r/L)^{0.088}}\big[-15.9659\sin(0.088\theta) + 0.386\cos(0.088\theta) + \\ \qquad 0.0129\sin(1.912\theta) - 0.6466\cos(1.912\theta)\big] + 71.64(1-\cos2\theta) \\[4pt] \sigma_{2\theta} = \dfrac{41.68}{(r/L)^{0.088}}\big[-14.62\sin(0.088\theta) + 0.3534\cos(0.088\theta) - \\ \qquad 0.0129\sin(1.912\theta) + 0.6466\cos(1.912\theta)\big] + 71.64(1+\cos2\theta) \\[4pt] \tau_{2r\theta} = \dfrac{41.68}{(r/L)^{0.088}}\big[0.6729\cos(0.088\theta) + 0.0163\sin(0.088\theta) + \\ \qquad 0.0129\cos(1.912\theta) + 0.6466\sin(1.912\theta)\big] + 143.28\sin(\theta)\cos(\theta) \end{cases}$$

$$(4\text{-}35)$$

式（4-34）和式（4-35）应力分量中下角标 1 对应巴氏合金层，2 对应钢体层。特征长度 L 依据太原科技大学油膜轴承实验台实验轴承尺寸，取 $L=165\text{mm}$。应力场表达式中的 r 和 θ 为材料任意点的极坐标，材料 1 与材料 2 的 θ 取值都是 $0°\sim90°$。

根据式（4-36）分别计算距离端部 $0.001\sim0.05\text{mm}$、距离结合界面 $0.001\sim 0.04\text{mm}$ 范围内的最大主应力和最大剪应力：

$$\left.\begin{array}{r}\sigma_1 \\ \sigma_2\end{array}\right\} = \frac{\sigma_x + \sigma_y}{2} \pm \sqrt{\left(\frac{\sigma_x - \sigma_y}{2}\right)^2 + \tau_{xy}^2}, \quad \left.\begin{array}{r}\tau_{\max} \\ \tau_{\min}\end{array}\right\} = \pm\sqrt{\left(\frac{\sigma_x - \sigma_y}{2}\right)^2 + \tau_{xy}^2}$$

$$(4\text{-}36)$$

巴氏合金层的最大主应力和剪应力计算结果如图 4-8 和图 4-9 所示。需要说明的是，由于材料会随着奇异应力的增大而进入塑形区，所以研究的关注点在奇异应力场的分布趋势。

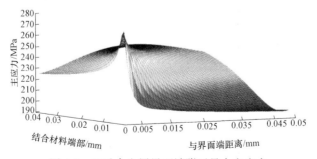

图 4-8　巴氏合金层界面端附近最大主应力

由图 4-8 可以得到，巴氏合金层的最大主应力在界面端附近出现了明显的应力奇异性。在结合界面附近，主应力值沿 y 轴逐渐减小，但幅度很小，距离界面端部超过 0.005mm 后有小幅度上升，由 195MPa 上升到 240MPa。总体而言，巴

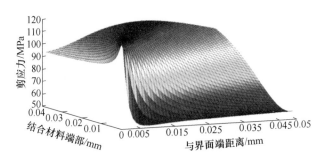

图4-9 巴氏合金层界面端附近最大剪应力

氏合金层端部附近的应力值远大于结合界面附近的应力值。主应力峰值的范围随着 r 值的增大而增加，总体峰值出现在与结合界面成45°的范围内，距离界面端点越远，峰值范围逐渐扩大，数值逐渐减小。

由图4-9可以得到，与最大主应力值在一个小范围内急剧上升的情况不同，巴氏合金层的最大剪应力在界面端附近呈现的奇异性并不明显。总体而言，巴氏合金层端部附近的应力值远大于结合界面附近的应力值。主应力峰值的范围随着 r 值的增大而增加，总体峰值出现在与结合界面成45°的范围内，距离界面端点越远，峰值范围逐渐扩大，数值逐渐减小。综合最大主应力和剪应力的分布可知，巴氏合金层沿与界面成45°区域的应力值最大，此区域是巴氏合金在工作过程中产生裂纹的最危险部位。

4.2.2 有镀锡层结合界面端附近应力场分析

当有镀锡层作为中间层时，虽然锡层厚度很薄，在 $40 \sim 100 \mu m$，基于应力场理论，仍然可以对这个厚度很小的中间层进行应力场分析。其中，应力场中的材料1对应的是锡层，锡层和钢体层结合界面端部奇异应力场如下：

锡层界面端应力场：

$$\begin{cases} \sigma_{1r} = \dfrac{49.431}{(r/L)^{0.098}} \big[-1.029\sin(0.098\theta) + 0.8197\cos(0.098\theta) - \\ \qquad 0.1169\sin(1.9\theta) - 0.2569\cos(1.9\theta) \big] + 65.2(1 - \cos2\theta) \\[2mm] \sigma_{1\theta} = \dfrac{49.431}{(r/L)^{0.098}} \big[-0.9332\sin(0.098\theta) + 0.7431\cos(0.098\theta) + \\ \qquad 0.1169\sin(1.9\theta) + 0.2569\cos(1.9\theta) \big] + 65.2(1 + \cos2\theta) \\[2mm] \tau_{1r\theta} = \dfrac{49.431}{(r/L)^{0.098}} \big[0.0481\cos(0.098\theta) + 0.0383\sin(0.098\theta) - \\ \qquad 0.1169\cos(1.9\theta) + 0.2569\sin(1.9\theta) \big] + 130.4\sin(\theta)\cos(\theta) \end{cases}$$

$$(4\text{-}37)$$

钢体层界面端应力场：

$$\begin{cases} \sigma_{2r} = \dfrac{49.431}{(r/L)^{0.098}}\big[-11.1478\sin(0.098\theta)+0.3351\cos(0.098\theta)+ \\ \qquad 0.0151\sin(1.9\theta)-0.6962\cos(1.9\theta)\big]+65.2(1-\cos2\theta) \\ \sigma_{2\theta} = \dfrac{49.431}{(r/L)^{0.098}}\big[-10.1063\sin(0.098\theta)+0.3038\cos(0.098\theta)- \\ \qquad 0.0151\sin(1.9\theta)+0.6962\cos(1.9\theta)\big]+65.2(1+\cos2\theta) \\ \tau_{2r\theta} = \dfrac{49.431}{(r/L)^{0.098}}\big[0.5207\cos(0.098\theta)+0.0157\sin(0.098\theta)+ \\ \qquad 0.0151\cos(1.9\theta)+0.6962\sin(1.9\theta)\big]+130.4\sin(\theta)\cos(\theta) \end{cases}$$

$$(4\text{-}38)$$

由于巴氏合金层与镀锡层的结合不产生应力奇异性，故巴氏合金层与镀锡层的结合界面只存在常应力项。与巴氏合金层界面端附近的最大主应力以及剪应力对比可知，镀锡层的引入有利于缓解巴氏合金层的开裂。但镀锡层与钢体层的结合同样存在应力奇异性，锡层界面端附近应力分布情况如图 4-10 和图 4-11 所示。

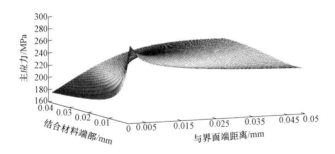

图 4-10　锡层界面端附近最大主应力

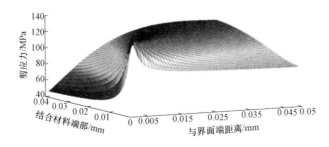

图 4-11　锡层界面端附近最大剪应力

由图 4-10 可以得到，锡层的最大主应力在界面端附近出现了明显的应力奇异性。与无镀锡层的巴氏合金层界面端附近主应力分布相比，奇异性更强。在接近结合界面侧，主应力值比无镀锡层的巴氏合金同一位置大 35MPa 左右，但在结合材料端部附近的应力值则比巴氏合金层的同一位置小 50MPa 左右。总体而言，镀锡层结合界面附近的应力值远大于端部附近的应力值。主应力峰值的范围随着 r 值的增大而增加，总体峰值出现在与结合界面成 45°的范围内，距离界面端点越远，峰值范围逐渐扩大，数值逐渐减小。

将图 4-11 与巴氏合金层的最大剪应力对比，锡层的最大剪应力值总体略大于巴氏合金层的应力值。在接近界面端奇点附近体现出的奇异性趋势基本相同，但镀锡层在接近结合界面附近的剪应力值比同位置巴氏合金层的高 35MPa 左右，这与最大主应力值的对比情况相似，对界面结合性能具有较大的影响。

为了更加清晰地反映有无镀锡层对界面端应力场的影响，选取巴氏合金层和锡层的同位置应力值进行比较。选取的 1、2、3 点分别为与界面成 45°直线上的点，其横坐标分别为 0.001mm、0.005mm 和 0.01mm。由表 4-7 可知，锡层的最大主应力值和最大剪应力值均大于巴氏合金层，且随着与界面端距离的减小，应力值差距增大。

表 4-7　有无镀锡层结合材料界面端附近应力值对比　　　　　　（MPa）

应力值对比	最大主应力			最大剪应力		
	1	2	3	1	2	3
巴氏合金层	274.27	260.43	255.08	114.74	112.5	111.66
锡层	293.99	273.92	266.21	135.51	129.06	126.58

4.2.3　有无镀锡层结合界面应力场对比分析

上一节分析了镀锡层作为中间层和巴氏合金与钢体直接结合两种情况下的界面端附近应力场分布，以下对比有无中间层的结合界面应力场。

由图 4-12 得到无论是有锡层作为中间层还是巴氏合金与钢体直接结合，界面上主应力值与剪应力值都在接近界面端部时出现了奇异性。结合图 4-12（a）分析界面层的主应力，有无镀锡层的界面主应力值随着接近界面端而呈现的变化趋势基本相同，都在距离界面端 0.05mm 附近开始呈现出奇异性，在接近界面端时急剧增大。对比有无镀锡层两种情况，有镀锡层界面的主应力值始终大于无镀锡层的界面，随着不断趋于界面端，有镀锡层界面与无镀锡层界面的主应力值之差越来越大，这与锡层和钢体层结合时的应力奇异性指数更大有关。

结合图 4-12（b）图分析界面层的剪应力，有无镀锡层的界面剪应力值随着趋于界面端而呈现的变化趋势基本相同，都在接近界面端的一定范围后剪应力呈现出比较明显的奇异性。对比有无镀锡层两种情况可知，有无镀锡层界面的剪应力值比较接近，在距离界面端大于 0.1mm 范围，无镀锡层的界面剪应力略大于有镀锡层界面的剪应力值，但随着与界面端距离的减小，有镀锡层界面的剪应力值超过了无镀锡层的界面。这是由于锡层与钢体层的结合界面应力奇异性指数更大。

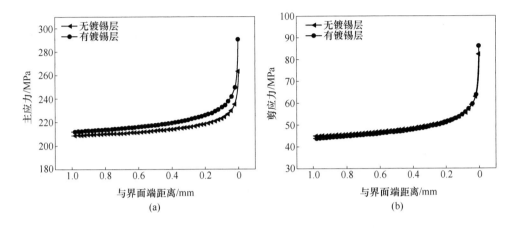

图 4-12　有无镀锡层界面应力场对比

（a）主应力值；（b）剪应力值

综合无镀锡层和有镀锡层作为中间层两种情况，对界面端以及结合界面的应力场进行分析，可以发现，虽然镀锡层可以使其与巴氏合金层的界面应力场不存在奇异性，但是，镀锡层与钢体层结合界面的奇异应力场同样会对衬套的结合性能产生重要的影响。而镀锡层在界面端附近的最大主应力和剪应力都高于巴氏合金与钢体直接结合的情况，且有镀锡层的界面主应力更大。故仅从界面端和界面应力场角度看，巴氏合金与钢体直接结合的界面结合性能优于有镀锡层的情况。

4.3　影响结合界面稳定性的因子

4.3.1　不同基体材料对结合界面端应力场的影响

油膜轴承衬套基体材料的选择目前尚没有统一标准，而基体材料的物理性质对结合界面应力场具有不可忽视的影响，故选取不同钢材作为基体材料，计算其与巴氏合金结合界面的奇异性应力场。工程中用来作为衬套基体材料的钢材物理性能如表 4-8 所示。从表中选取物理性质具有代表性的材料作为衬套基体材料，其中 20 钢与 10 钢、Q235A 的物理性能参数非常接近，而 40 钢与 45 钢、Q345B 比较接近，故选取 40 钢和 20 钢与 30 钢进行对比，分别计算其界面端奇异性应力场。

表 4-8 基体材料物理性能

材　料	弹性模量/MPa	泊松比	线膨胀系数/K^{-1}	热导率/W·(m·K)$^{-1}$
10 钢	213	0.27	$12.6×10^{-6}$	48
20 钢	213	0.282	$11.9×10^{-6}$	48
30 钢	217	0.317	$11.16×10^{-6}$	53
40 钢	209	0.27	$9×10^{-6}$	48
45 钢	209	0.27	$11.7×10^{-6}$	48
Q235A	212	0.288	$12×10^{-6}$	61.1
Q345B	206	0.28	$13×10^{-6}$	44

以 40 钢为基体的结合界面端应力场如下：

巴氏合金层界面端应力场：

$$
\begin{cases}
\sigma_{1r} = \dfrac{22.274}{(r/L)^{0.0892}}[-0.6073\sin(0.0892\theta) + 0.6339\cos(0.0892\theta) + \\
\qquad 0.0886\sin(1.91108\theta) - 0.4202\cos(1.91108\theta)] + 84.78(1-\cos2\theta) \\
\sigma_{1\theta} = \dfrac{22.274}{(r/L)^{0.0892}}[-0.5554\sin(0.0892\theta) + 0.5798\cos(0.0892\theta) - \\
\qquad 0.0886\sin(1.91108\theta) + 0.4202\cos(1.91108\theta)] + 84.78(1+\cos2\theta) \\
\tau_{1r\theta} = \dfrac{22.274}{(r/L)^{0.0892}}[0.0259\cos(0.0892\theta) + 0.0271\sin(0.0892\theta) + \\
\qquad 0.0886\cos(1.91108\theta) + 0.4202\sin(1.91108\theta)] + 169.56\sin(\theta)\cos(\theta)
\end{cases}
$$

$$(4-39)$$

钢体层界面端应力场：

$$
\begin{cases}
\sigma_{2r} = \dfrac{22.274}{(r/L)^{0.0892}}[-14.9572\sin(0.0892\theta) + 0.3549\cos(0.0892\theta) + \\
\qquad 0.00006\sin(1.91108\theta) - 0.6753\cos(1.9\theta)] + 84.78(1-\cos2\theta) \\
\sigma_{2\theta} = \dfrac{22.274}{(r/L)^{0.0892}}[-13.6799\sin(0.0892\theta) + 0.3246\cos(0.0892\theta) - \\
\qquad 0.00006\sin(1.91108\theta) + 0.6754\cos(1.91108\theta)] + 84.78(1+\cos2\theta) \\
\tau_{2r\theta} = \dfrac{22.274}{(r/L)^{0.0892}}[0.6386\cos(0.0892\theta) + 0.0152\sin(0.0892\theta) + \\
\qquad 0.00006\cos(1.91108\theta) + 0.6754\sin(1.91108\theta)] + 169.56\sin(\theta)\cos(\theta)
\end{cases}
$$

$$(4-40)$$

巴氏合金层的最大主应力和剪应力计算分析结果如图4-13和图4-14所示。

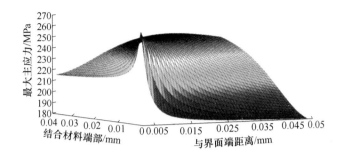

图4-13 巴氏合金界面端附近最大主应力分布

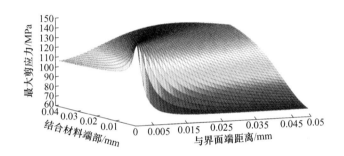

图4-14 巴氏合金界面端附近最大剪应力分布

由图4-13可以看出,与30钢为基底时主应力分布的整体情况相似,巴氏合金层的最大主应力在界面端附近出现了明显的应力奇异性。总体而言,巴氏合金层端部附近的应力值远大于结合界面附近的应力值。主应力峰值的范围随着 r 值的增大而增加,主应力峰值同样出现在与结合界面成45°的范围内。总体上,以40钢为基体的巴氏合金界面端附近的最大主应力值略小于30钢为基体时的最大主应力值。

与30钢为基体时的巴氏合金层的最大剪应力相比,40钢为基体的巴氏合金层界面端附近的剪应力值分布规律基本相同,在界面端附近都呈现了一定的奇异性,如图4-14所示。主应力峰值的范围随着 r 值的增大而增加,剪应力峰值出现在与结合界面成45°的范围内。总体上,以40钢为基体的巴氏合金界面端附近的最大剪应力值大于30钢为基体的最大剪应力。

以20钢为基体的结合界面端应力场如下:

巴氏合金层界面端应力场:

$$\begin{cases} \sigma_{1r} = \dfrac{47.195}{(r/L)^{0.0899}} \big[-0.6388\sin(0.0899\theta) + 0.6001\cos(0.0899\theta) + \\ \qquad 0.0953\sin(1.91010\theta) - 0.4516\cos(1.91010\theta) \big] + 67.68(1 - \cos2\theta) \\[6pt] \sigma_{1\theta} = \dfrac{47.195}{(r/L)^{0.0899}} \big[-0.5838\sin(0.0899\theta) + 0.5484\cos(0.0899\theta) - \\ \qquad 0.0953\sin(1.91010\theta) + 0.4516\cos(1.91010\theta) \big] + 67.68(1 + \cos2\theta) \\[6pt] \tau_{1r\theta} = \dfrac{47.195}{(r/L)^{0.0899}} \big[0.0275\cos(0.098\theta) + 0.0258\sin(0.098\theta) + \\ \qquad 0.0953\cos(1.9\theta) + 0.4516\sin(1.9\theta) \big] + 135.36\sin(\theta)\cos(\theta) \end{cases}$$

$$(4-41)$$

钢体层界面端应力场：

$$\begin{cases} \sigma_{2r} = \dfrac{47.195}{(r/L)^{0.0899}} \big[-14.4608\sin(0.0899\theta) + 0.3645\cos(0.0899\theta) + \\ \qquad 0.0125\sin(1.91010\theta) - 0.6669\cos(1.91010\theta) \big] + 67.68(1 - \cos2\theta) \\[6pt] \sigma_{2\theta} = \dfrac{47.195}{(r/L)^{0.0899}} \big[-13.2168\sin(0.0899\theta) + 0.3331\cos(0.0899\theta) - \\ \qquad 0.0125\sin(1.91010\theta) + 0.6669\cos(1.91010\theta) \big] + 67.68(1 + \cos2\theta) \\[6pt] \tau_{2r\theta} = \dfrac{47.195}{(r/L)^{0.0899}} \big[0.6221\cos(0.0899\theta) + 0.0157\sin(0.0899\theta) + \\ \qquad 0.0125\cos(1.91010\theta) + 0.6669\sin(1.91010\theta) \big] + 135.36\sin(\theta)\cos(\theta) \end{cases}$$

$$(4-42)$$

巴氏合金层的最大主应力和剪应力计算结果如图 4-15 和图 4-16 所示。

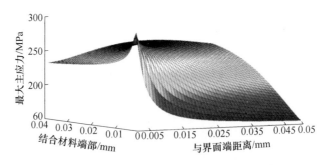

图 4-15　巴氏合金界面端附近最大主应力分布

由图 4-15 中以 20 钢为基体时巴氏合金界面端最大主应力的分布趋势可知，与 30 钢和 40 钢为基体的整体情况相似，巴氏合金层的最大主应力在界面端附近出现了明显的应力奇异性。总体而言，巴氏合金层端部附近的应力值远大于结合界面附近的应力值。主应力峰值的范围随着 r 值的增大而增加，总体峰值同样出

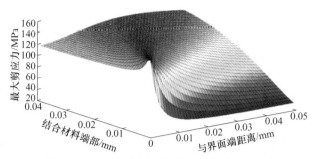

图 4-16 巴氏合金界面端附近最大剪应力分布

现在与结合界面成 45°的范围内。总体上，以 20 钢为基体的巴氏合金界面端附近的最大主应力值大于以 30 钢和 40 钢为基体时的最大主应力值。

图 4-16 为以 20 钢为基体时巴氏合金界面端附近最大剪应力的分布趋势，与 30 钢和 40 钢为基体时的情况基本相同，在界面端附近都呈现出一定的奇异性。主应力峰值的范围随着 r 值的增大而增加，总体峰值出现在与结合界面成 45°的范围内。总体上，以 20 钢为基体的巴氏合金界面端附近的最大剪应力值大于以 30 钢和 40 钢为基体时的最大剪应力。

为更加清晰地反映不同基体材料对界面端应力场的影响，选取巴氏合金层和锡层的同位置应力值进行比较。选取的 1、2、3 点分别为与界面成 45°直线上的点，其横坐标分别为 0.001mm、0.005mm 和 0.01mm。

由表 4-9 可以看出，以 20 钢为基体的巴氏合金层应力值相对最大，40 钢的最大主应力略低于 30 钢，但最大剪应力值高于 30 钢。以下综合对比以三种钢体材料为基体时的结合界面应力场。

表 4-9　不同基体材料巴氏合金层应力值对比　　　　　　　　（MPa）

应力值对比	最大主应力			最大剪应力		
	0.001mm	0.005mm	0.01mm	0.001mm	0.005mm	0.01mm
30 钢	274.27	260.43	255.08	114.74	112.5	111.66
40 钢	265.19	257	253.83	144.8	141.37	140.05
20 钢	294.13	276.16	269.2	155.09	146.73	143.51

由图 4-17 中界面层的主应力和剪应力的对比可以得到，以 20 钢为基体的衬套，其结合界面的主应力和剪应力值最大，并且在奇点附近体现出的奇异性也最明显。三种基体材料中，40 钢与巴氏合金结合的界面层应力值最小，奇异性趋势也小于其他两种材料。

综合分析三种钢材分别与巴氏合金结合的界面层应力场和界面端部应力场可以得到，以 20 钢为基体材料与巴氏合金结合形成的衬套结合界面的应力值较大，

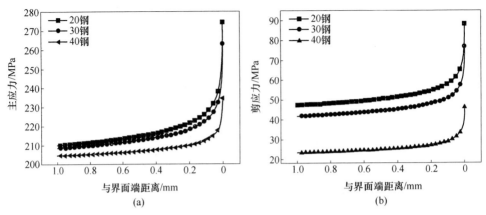

图 4-17　巴氏合金与不同基体材料结合的界面应力场对比

(a) 主应力值；(b) 剪应力值

故其结合性能不如其他两种基体钢材。40 钢作为基体材料可以更好地缓解界面端奇异应力场，有效改善衬套结合性能。

4.3.2　合金层厚度对结合界面端应力场的影响

巴氏合金层厚度减薄已经成为衬套生产工艺改进的一个主要趋势，但尚没有文献从界面应力场角度对巴氏合金层厚度选取的问题进行研究。本节从界面力学的角度对巴氏合金层厚度问题进行研究，进而分析巴氏合金层厚度对界面端应力场的影响。

由于巴氏合金厚度只对界面应力场中的应力强度因子有影响，故不再给出完整的应力场形式，不同厚度对应的应力强度因子计算结果如表 4-10 所示。

表 4-10　不同巴氏合金层厚度下的应力强度因子

巴氏合金层厚度/mm	2.5	3.0	3.5	4.0
应力强度因子	43.70	41.68	39.21	38.31

分别建立巴氏合金层厚度为 2.5mm、3mm、3.5mm、4mm 的油膜轴承衬套模型，由于巴氏合金层厚度发生变化，则在有限元模拟中的油膜压力区域划分发生细微变化。其中部分模拟结果如图 4-18 所示。

不同厚度巴氏合金层的结合界面应力值对比见图 4-19，由图可知，主应力值和剪应力值的分布趋势基本相同，巴氏合金层厚度为 2.5mm 的结合界面应力值最大，厚度为 4mm 的结合界面应力值最小。故结合界面应力值随着巴氏合金层厚度的减小而增大，适当提高巴氏合金层厚度有利于改善界面应力分布。但总体上，巴氏合金层厚度对奇异应力场分布的影响相对其他因素比较小。

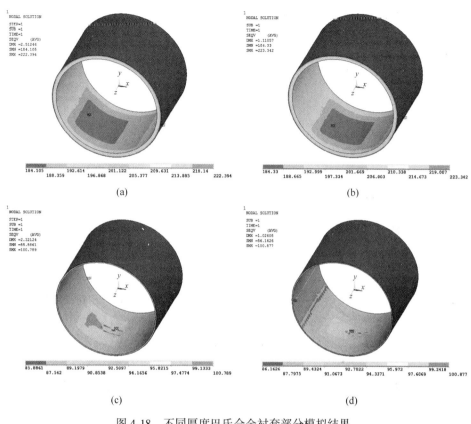

图 4-18 不同厚度巴氏合金衬套部分模拟结果

（a）巴氏合金层厚 2.5mm；（b）巴氏合金层厚 3.0mm；
（c）巴氏合金层厚 3.5mm；（d）巴氏合金层厚 4.0mm

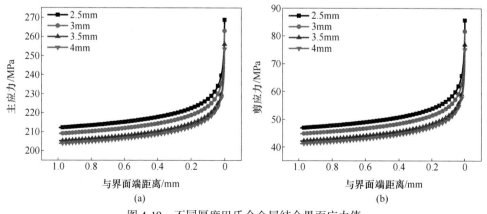

图 4-19 不同厚度巴氏合金层结合界面应力值

（a）主应力；（b）剪应力

4.3.3 界面端结合角度对应力奇异性的影响

油膜轴承衬套界面端部巴氏合金与钢体通常是以两个直角结合形成的平面。第 2 章中已经对该结合方式的应力奇异性指数进行了计算。由第 2 章中的特征方程可知，结合角度对奇异性指数具有很大的影响。本节依据巴氏合金与钢体直接结合的情况下，分析结合角度对界面端应力场的影响。

由图 4-20 可以得到，当衬套的钢体与结合界面的角度保持在 90°时，改变巴氏合金层与结合界面的角度会使应力奇异性指数发生改变。当巴氏合金层的结合角度小于 80°后，界面端的应力奇异性指数变为零，不再具有奇异性。当巴氏合金层与结合界面的角度保持在 90°、钢体层结合角度改变到 76°时，界面端奇异性消失。

选取 20 钢作为衬套基体材料，分析结合角度对应力奇异性指数的影响，与 30 钢做基体材料的情况进行比较，材料结合角度对应力奇异性指数的影响如图 4-21所示。

在 20 钢作为衬套基体材料情况下，两种结合材料分别改变结合角度，奇异性消除时对应的结合角度与 30 钢基本一致。由于 20 钢和 30 钢是比较具有代表性的基体材料，所以由计算所得到的奇异性消除条件对常见的衬套材料组合是通用的。

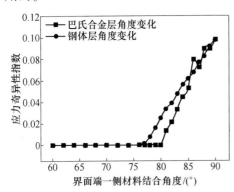
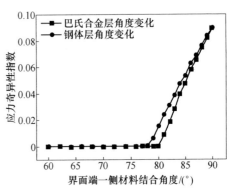

图 4-20　30 钢为基体不同结合角度　　　　图 4-21　20 钢为基体不同结合角度
　　　　　应力奇异性指数　　　　　　　　　　　　　应力奇异性指数

4.4　不同基体材料试件的试验研究

根据结合强度试件制备要求，分别使用 20 钢、30 钢和 40 钢作为试件的基体材料，制备不同基体材料试件。根据文献，为了节约试件加工成本，选用拉剪法测量不同基体材料与巴氏合金结合的强度。试件结构如图 4-22 所示。

使用微控电子万能试验机（WDW-E）对试件进行结合强度测试试验，通过试验设备夹具固定住上下两面，试件夹装见图 4-23。然后，在加载界面调整加载速度和设定载荷增值为 10N/（mm²·s）。保持载荷增值，直到合金或结合层断裂为止，此时试验载荷达到最大。拉剪试验结果统计见表 4-11。

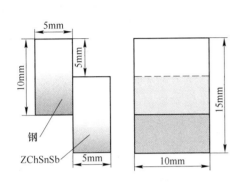

图 4-22　拉剪试件结构示意图

图 4-23　试件夹装图

表 4-11　拉剪试验结果统计

钢体材料	试验编号	剪切强度/N·mm^{-2}	平均强度（σ）/N·mm^{-2}	标准差（S）/N·mm^{-2}	$\dfrac{S}{\sigma}\times100$/%
20 钢	1	44.18	42.42	1.94	4.57
	2	39.77			
	3	43.30			
30 钢	1	34.52	35.24	0.544	1.54
	2	35.83			
	3	35.39			
40 钢	1	27.98	28.87	0.762	2.64
	2	28.78			
	3	29.84			

对每组在相同条件下测得结合强度的平均值求标准差，根据文献可知其标准差均在随机因素范围之内，因此，上述试验结果有效。由试验结果可知，当基体材料为 20 钢时的剪切强度大于 30 钢和 40 钢为基体材料。并且由计算可知，20 钢的拉剪强度是 30 钢剪切强度的 1.20 倍，30 钢的是 40 钢的 1.22 倍。

5　结合界面角点奇异应力场

油膜轴承衬套在制造过程中，工艺人员通常会在衬套钢体内表面加工出特定的挂金结构，以增强钢体与合金的结合能力。常见的挂金结构包括螺纹槽、燕尾槽及特意在钢体加工中留下的刀纹等。随着加工工艺的改进，一些挂金形状已很少使用，如燕尾槽结构在大型衬套的制造中已被完全取代，工程技术人员根据生产经验采用了新型的挂金形状，如截球面结构。本章基于结合界面应力场对挂金形状中最常见的螺旋槽以及新型的截球面结构进行分析，为挂金结构的改进提供理论依据。

5.1　界面角点应力场模型

螺旋槽与截球面结构会使钢体与巴氏合金的结合界面内部出现突变，产生奇点。将两种挂金形状抽象为界面力学中的界面角点，界面角点的存在使得界面内部产生奇异应力场，挂金形状对于结合界面的性能有不可忽略的影响。结合不同挂金结构及尺寸参数，构建油膜轴承衬套挂金结构力学模型，计算不同挂金结构及尺寸参数对应的应力奇异性指数。以截球面挂金结构界面角点附近的奇异应力场为依据，依据界面角点结构研究有无镀锡层以及合金层厚度对应力场的影响，综合界面端和界面角点应力场分布情况，进行全面的应力场分析。同时，研究尺寸参数对于螺旋槽和截球面结构应力场的影响。

5.1.1　螺旋槽结构空间轴对称问题二维简化

文献［28］针对空间轴对称各向同性均匀体，对内部包含异种材料而产生的界面角点问题进行了比较系统的研究。衬套钢体挂金结构中的螺旋槽是空间轴对称形式，虽然与基体内包含异种材料的结构形式有所区别，且不同于常见空间轴对称结构的受载形式，由于外力载荷的形式和大小并不影响结构的应力奇异性指数，故采用空间轴对称结构中的奇异性指数方程对螺旋槽结构进行求解，如图5-1所示。

奇异性指数方程如下：

$$\Delta = \left[\lambda^2(\alpha - \beta)^2\sin^2\theta_1 - (1 + \beta)^2\sin^2\lambda\theta_1\right]\left[\lambda^2(\alpha - \beta)^2\sin^2\theta_2 - (1 - \beta)^2\sin^2\lambda\theta_2\right] +$$
$$(1 - \alpha^2)\sin^2\lambda(\pi - \theta_2)\left[2\lambda^2(\alpha - \beta)^2\sin^2\theta_2 + (1 - \beta)^2\sin\lambda\theta_1\sin\lambda\theta_2\right] +$$
$$(1 - \alpha^2)\sin^2\lambda(\pi - \theta_2) \tag{5-1}$$

虽然是三维模型，由于其属于空间轴对称结构，故材料特性仍然可以用 α 和 β 两个参数进行描述，其具体的定义及计算方法详见第 2 章。

以巴氏合金与钢体直接结合、结合角度 $\theta_1 = \pi/2$ 的情况为例进行计算，所得的特征方程特征值为 $\lambda_1 = 0.8275$、$\lambda_2 = 0.907$、$\lambda_3 = 0.9994$，这与二维界面角点应力奇异性方程计算的结果一致，说明将空间轴对称的螺旋槽结构简化为二维界面角点结构，并不会改变结构应力场的奇异性。因此，在界面角点奇异应力场的计算中，螺旋槽和截球面结构可以统一抽象为如图 5-2 所示的二维力学模型。

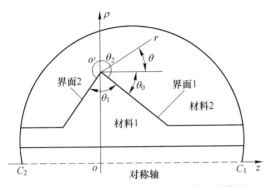

图 5-1 螺旋槽对应的空间轴对称力学模型

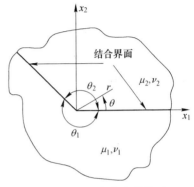

图 5-2 界面角点力学模型

5.1.2 界面角点应力奇异性分析

针对衬套结合界面存在的挂金结构，构建界面角点力学模型，不同挂金结构体现为结合角度的不同，根据 Bogy[29] 对界面角点应力场的研究，对挂金结构进行应力奇异性分析。

图 5-2 为衬套钢体挂金结构对应的界面角点力学模型，在角点一侧都存在水平直线界面，故在力学模型中将其中角点直线侧的结合界面设置为水平直线，这一侧边界条件中的角度设为零。

基于弹性力学中应力函数表示的相容性方程[30]为：

$$\nabla^4 \phi = 0 \tag{5-2}$$

各应力分量和位移分量表示为：

$$\tau_{rr} = \frac{1}{r}\frac{\partial \phi}{\partial r} + \frac{1}{r^2}\frac{\partial^2 \phi}{\partial \theta^2}, \quad \tau_{\theta\theta} = \frac{\partial^2 \phi}{\partial r^2}, \quad \tau_{r\theta} = -\frac{1}{r}\frac{\partial^2 \phi}{\partial r \partial \theta} + \frac{1}{r^2}\frac{\partial \phi}{\partial \theta} \tag{5-3}$$

$$\begin{cases} \dfrac{\partial u_r}{\partial r} = \dfrac{1}{2\mu}\left[\dfrac{1}{r}\dfrac{\partial \phi}{\partial r} + \dfrac{1}{r^2}\dfrac{\partial^2 \phi}{\partial \theta^2} - \left(1 - \dfrac{m}{4}\right)\nabla^2 \phi \right] \\ \dfrac{\partial u_\theta}{\partial r} - \dfrac{u_\theta}{r} + \dfrac{1}{r}\dfrac{\partial u_r}{\partial \theta} = \dfrac{1}{\mu}\left(-\dfrac{1}{r}\dfrac{\partial^2 \phi}{\partial r \partial \theta} + \dfrac{1}{r^2}\dfrac{\partial \phi}{\partial \theta} \right) \end{cases} \tag{5-4}$$

界面条件为：

$$\tau''_{\theta\theta}(r,\ 0)=\dot{\tau}_{\theta\theta}(r,\ 0)+\bar{\tau}_{\theta\theta}(r,\ 0),\quad \tau''_{r\theta}(r,\ 0)=\dot{\tau}_{r\theta}(r,\ 0)+\bar{\tau}_{r\theta}(r,\ 0),$$

$$u''_r(r,\ 0)=\dot{u}_r(r,\ 0)+\bar{u}_\theta(r,\ 0),\quad u''_\theta(r,\ 0)=\dot{u}_\theta(r,\ 0)+\bar{u}_\theta(r,\ 0)$$

$$(5\text{-}5)$$

$$\tau''_{\theta\theta}(r,\ \theta_2)=\dot{\tau}_{\theta\theta}(r,\ -\theta_1)+\bar{\tau}_{\theta\theta}(r,\ -\theta_1),\quad \tau''_{r\theta}(r,\theta_2)=\dot{\tau}_{r\theta}(r,\ -\theta_1)+\bar{\tau}_{r\theta}(r,\ -\theta_1),$$

$$u''_r(r,\ \theta_2)=\dot{u}_r(r,\ -\theta_1)+\bar{u}_\theta(r,\ -\theta_1),\quad u''_\theta(r,\ \theta_2)=\dot{u}_\theta(r,\ -\theta_1)+\bar{u}_\theta(r,\ -\theta_1)$$

$$(5\text{-}6)$$

对相容性方程进行梅林变换获得以下常微分方程，基于这一方程，获得各应力分量和位移分量变形后的形式。以 $\hat{\phi}(s,\ \theta)$、$\hat{\tau}_{ij}(s,\ \theta)$、$\hat{u}_i(s,\ \theta)$ 表示对 $\phi(r,\ \theta)$、$r^2\tau_{ij}(r,\ \theta)$、$ru(r,\ \theta)$ 中的 r 进行梅林变换后的形式：

$$\hat{\phi}(s,\ \theta)=a(s)\sin(s\theta)+b(s)\cos(s\theta)+c(s)\sin(s\theta+2\theta)+d(s)\cos(s\theta+2\theta)$$

$$(5\text{-}7)$$

$$\hat{\tau}_{rr}(s,\ \theta)=\left(\frac{\mathrm{d}^2}{\mathrm{d}\theta^2}-s\right)\hat{\phi}(s,\ \theta),\quad \hat{\tau}_{\theta\theta}(s,\ \theta)=s(s+1)\hat{\phi}(s,\ \theta) \qquad (5\text{-}8)$$

变形后的边界条件为：

$$\hat{\tau}''_{\theta\theta}(s,\ 0)=\dot{\hat{\tau}}_{\theta\theta}(s,0)+\bar{\hat{\tau}}_{\theta\theta}(s,0),\quad \hat{\tau}''_{r\theta}(s,0)=\dot{\hat{\tau}}_{r\theta}(s,\ 0)+\bar{\hat{\tau}}_{r\theta}(s,0),$$

$$\hat{u}''_r(s,0)=\dot{\hat{u}}_r(s,0)+\bar{\hat{u}}_\theta(s,0),\quad \hat{u}''_\theta(s,0)=\dot{\hat{u}}_\theta(s,0)+\bar{\hat{u}}_\theta(s,0) \qquad (5\text{-}9)$$

$$\hat{\tau}''_{\theta\theta}(s,\theta_2)=\dot{\hat{\tau}}_{\theta\theta}(s,\ -\theta_1)+\bar{\hat{\tau}}_{\theta\theta}(s,\ -\theta_1),\quad \hat{\tau}''_{r\theta}(s,\ \theta_2)=\dot{\hat{\tau}}_{r\theta}(s,\ -\theta_1)+\bar{\hat{\tau}}_{r\theta}(s,\ -\theta_1),$$

$$\hat{u}''_r(s,\ \theta_2)=\dot{\hat{u}}_r(s,\ -\theta_1)+\bar{\hat{u}}_\theta(s,\ -\theta_1),\quad \hat{u}''_\theta(s,\theta_2)=\dot{\hat{u}}_\theta(s,\ -\theta_1)+\bar{\hat{u}}_\theta(s,\ -\theta_1)$$

$$(5\text{-}10)$$

将应力和位移表达式带入边界条件，得到如下线性方程组：

$$\bar{b}+\bar{d}-b''-d''=-\dot{\hat{\tau}}_{\theta\theta}(s,\ 0)/s(s+1) \qquad (5\text{-}11)$$

$$s\bar{a}+(s+2)\bar{c}-sa''-(s+2)c''=-\dot{\hat{\tau}}_{r\theta}(s,\ 0)/s+1 \qquad (5\text{-}12)$$

$$s\bar{b}+(s+m')\bar{d}-ksb''-k(s+m'')d''=-2\mu'\dot{\hat{u}}_r(s,\ 0) \qquad (5\text{-}13)$$

$$-s\bar{a}-(s+2-m')\bar{c}+ksa''+k(s+2-m'')c''=-2\mu'\dot{\hat{u}}_\theta(s,\ 0)$$

$$(5\text{-}14)$$

$$-\sin(s\theta_1)\bar{a}+\cos(s\theta_1)\bar{b}-\sin(s\theta_1+2\theta_1)\bar{c}+\cos(s\theta_1+2\theta_1)\bar{d}-\sin(s\theta_2)a''$$

$$-\cos(s\theta_2)b''-\sin(s\theta_2+2\theta_2)c''-\cos(s\theta_2+2\theta_2)d''=-\dot{\hat{\tau}}_{\theta\theta}(s,\ -\theta_1)/s(s+1)$$

$$(5\text{-}15)$$

$$s\cos(s\theta_1)\bar{a}+s\sin(s\theta_1)\bar{b}+(s+2)\cos(s\theta_1+2\theta_1)\bar{c}+(s+2)\sin(s\theta_2+2\theta_2)\bar{d}-$$

$$s\cos(s\theta_2)a''+s\sin(s\theta_1)b''-(s+2)(s\theta_2+2\theta_2)c''+(s+2)\sin(s\theta_2+2\theta_2)d''$$

$$=-\dot{\hat{\tau}}_{r\theta}(s,\ -\theta_1)/(s+1)$$

$$(5\text{-}16)$$

$- s\sin(s\theta_1)\ \bar{a} + s\cos(s\theta_1)\ \bar{b} - (s + m')\sin(s\theta_1 + 2\theta_1)\ \bar{c} + (s + m')\cos(s\theta_1 + 2\theta_1)\ \bar{d} -$

$k\{\ s\sin(s\theta_2)\ u'' + s\cos(s\theta_2)\ b'' + (s + m'')\sin(s\theta_2 + 2\theta_2)\ c'' + (s + m'')\cos(s\theta_2 +$

$2\theta_2)\ d''\} = -2\mu'\hat{u}_r(s,\ -\theta_1)$　　　　　　　　　(5-17)

$- s\cos(s\theta_1)\ \bar{a} - s\sin(s\theta_1)\ \bar{b} - (s + 2 - m')\cos(s\theta_1 + 2\theta_1)\ \bar{c} - (s + 20 - m')$

$\sin(s\theta_1 + 2\theta_1)\ \bar{d} - k\{\ - s\cos(s\theta_2)\ a'' + s\sin(s\theta_2)\ b'' - (s + 2 - m'')\cos(s\theta_2 + 2\theta_2)\ c'' +$

$(s + 2 - m'')\sin(s\theta_2 + 2\theta_2)\ d''\} = -2\mu'\hat{u}_r(s,\ -\theta_1)$　　　　　(5-18)

以上线性方程组存在非零解的条件是系数行列式为零，故对方程组的系数行列式进行计算，通过进行 $\lambda = -s - 1 = \xi + i\eta$ 的变形，获得界面角点应力奇异性指数的计算公式：

$$[(\alpha - \beta)^2\lambda^2\sin^2\theta_1 - (1 - \beta)^2\sin^2(\lambda\theta_1)][(1 + \beta)^2\sin^2(\lambda\theta_2) - (\alpha - \beta)^2\lambda^2\sin^2\theta_2] +$$

$$(\alpha^2 - 1)\sin^2[\lambda(\pi - \theta_2)]\{2(\alpha - \beta)^2\lambda^2\sin^2\theta_2 + 2(1 - \beta)^2\sin(\lambda\theta_1)\sin(\lambda\theta_2) -$$

$$(\alpha^2 - 1)\sin^2[\lambda(\pi - \theta_2)]\} = 0$$　　　　　　　(5-19)

基于以上公式对文中涉及的不同结合角度的挂金结构界面角点进行计算，结果见表 5-1。

表 5-1　界面角点应力奇异性方程特征值计算值

结合角度及 材料组合	$\theta_1 = 90°$		$\theta_1 = 160°$	$\theta_1 = 156°$	$\theta_1 = 152°$
	Sn 30 钢	ZSnSb11Cu6 30 钢	ZSnSb11Cu6 30 钢	ZSnSb11Cu6 30 钢	ZSnSb11Cu6 30 钢
应力奇异性 方程特征值	$\lambda_1 = 0.8441$ $\lambda_2 = 0.9155$	$\lambda_1 = 0.8275$ $\lambda_2 = 0.907$ $\lambda_3 = 0.9994$	$\lambda_1 = 0.9168$ $\lambda_2 = 0.9647$	$\lambda_1 = 0.9036$ $\lambda_2 = 0.9563$	$\lambda_1 = 0.8917$ $\lambda_2 = 0.9999$

其中 $\theta_1 = 90°$ 对应的是截球面，以截球面作为研究对象，分析有无镀锡层对界面角点应力场的影响，故 $\theta_1 = 90°$ 对应的是两种材料组合。$\theta_1 = 160°$、$\theta_1 = 156°$ 和 $\theta_1 = 152°$ 是不同螺旋槽深度对应的结合角度。

由界面角点应力场的特征值计算结果可以看出，应力奇异性指数不止一个，界面角点附近的奇异应力场比界面端附近的应力场更加复杂。为了获得界面角点附近精确的计算结果，需要进行局部网格细化。与二维界面端模型不同，界面角点模型在角点附近使用 Refine 来进行网格优化会产生大量的畸形网格，对网格质量产生极大的影响。文中使用 LESIZE 进行界面角点附近的网格细化，通过调节 NDIV 以及 Spacing radio 来获得比较理想的网格。螺旋面以及截球面的网格划分如图 5-3 所示。

在划分界面角点附近网格的过程中，构成角点的水平直线以及弧线上的网格比例设置最为关键，两条线的 Spacing radio 的比例设置要根据建立模型时线的建

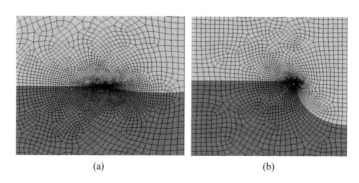

图 5-3　界面角点局部网格细化

（a）螺旋槽结构；（b）截球面结构

立方式选择。由关键点来建立线时，起始点的选择会直接影响 Spacing radio 的设置方式，模型轮廓线上单元长度的设置对网格质量同样重要。

巴氏合金与钢体直接结合的截球面界面角点附近的应力场模拟结果，如图5-4所示。图 5-4 显示界面角点附近存在明显的应力奇异性现象，并且应力峰值集中在弧线界面一侧，故在之后的分析中，将角点两侧的界面分为水平直线界面和弧线界面两部分进行对比分析。

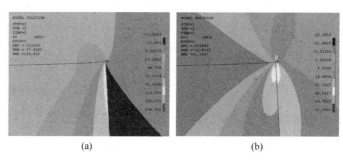

图 5-4　截球面界面角点模拟结果

（a）正应力值；（b）剪应力值

5.2　有无镀锡层对界面角点应力场的影响

基于界面角点力学模型，分析有无镀锡层对钢体挂金结构奇异点附近应力场的影响。文中用于分析计算的有限元模型，不考虑锡层厚度对界面角点应力场的影响，模型中锡层厚度统一设置为 $50\mu m$。由于锡层很薄，建立模型时，挂金结构上表面的锡层设计成与钢体上表面基本平行，即镀锡层不改变界面角点的几何形状。为提高模拟结果精确度，界面奇异点附近的网格划分，如图 5-5 所示。

由于界面角点模型中角点右侧的界面为曲线，界面应力场不能用主应力和剪应力进行分析，对于曲线界面，计算不同位置的最大主应力和最大剪应力，并进

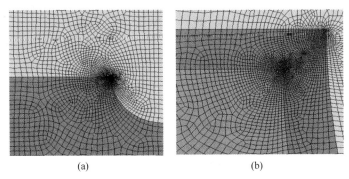

(a)　　　　　　　　　　　　　　(b)

图 5-5　有无镀锡层结构界面角点附近局部网格细化

（a）无镀锡层；（b）有镀锡层

行对比分析。任意点与界面角点的距离为该点与角点的直线距离，具体应力值的
大小及分布规律如图 5-6 和图 5-7 所示。

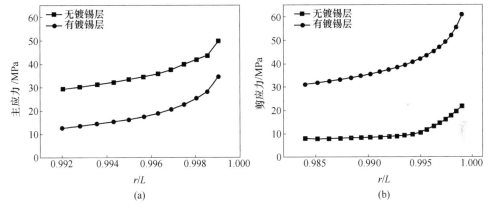

(a)　　　　　　　　　　　　　　(b)

图 5-6　截球面界面角点水平界面部分界面应力场

（a）正应力；（b）剪应力

图 5-6 给出了两种衬套复合材料结合方式（即有镀锡层作为中间层和巴氏合
金与钢体直接结合两种情况）时界面角点左侧水平直线界面部分的界面应力场。
由图 5-6（a）可知，无镀锡层的正应力值比有镀锡层总体高出 20MPa 左右，两
种情况都在接近界面角点附近时显示出了应力奇异性。图 5-6（b）中有无镀锡
层的剪应力值对比则出现了相反的趋势，有镀锡层的剪应力值比无镀锡层直接结
合的情况高出 20~25MPa，并且有镀锡层的剪应力值在接近界面角点时显示出了
相对更强的应力奇异性趋势。

图 5-7 给出了有无镀锡层情况下界面角点右侧曲线界面部分的界面应力场。
由图 5-7（a）可知，在与界面角点直线距离 0.025mm 的界面位置，无镀锡层的
主应力值比有镀锡层高出 50MPa 左右，随着距离界面角点的直线距离的减小，

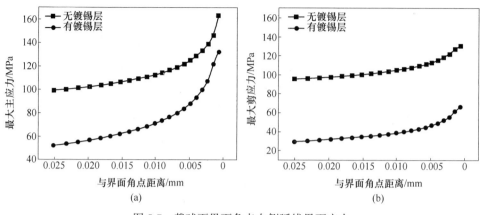

图 5-7　截球面界面角点右侧弧线界面应力
（a）最大主应力；（b）最大剪应力

有锡层与无锡层之间的最大主应力值之差逐渐减小，但无镀锡层的最大主应力值始终大于有镀锡层的最大主应力值，同样，两种情况都在接近界面角点时显示出了应力奇异性。图 5-7（b）对比了有无镀锡层右侧曲线界面的最大剪应力值，无镀锡层的最大剪应力大于有镀锡层的最大剪应力。从界面角点奇异应力场角度分析，有镀锡层的结合界面应力场较弱，有利于提高界面结合性能。

　　综合分析镀锡层作为中间层以及巴氏合金与钢体直接结合两种情况下的界面端和界面角点应力场计算结果，可以得知镀锡层与巴氏合金层之间不存在奇异应力场，但镀锡层与钢体层之间会产生奇异应力场。巴氏合金与钢体直接结合的界面端部应力场较弱，而有镀锡层的结合界面在角点附近的应力场较弱，可见从界面力学角度分析，镀锡层对于界面结合性能具有很大影响，尽管其改善了界面角点的应力场分布，但加剧了界面端的应力奇异性。

5.3　挂金结构对界面角点应力场的影响

5.3.1　螺旋槽尺寸参数对界面角点应力场的影响

　　螺旋槽是最常见的一种衬套挂金结构，图 5-8 为工程中常见的螺旋槽相关尺寸参数。从界面力学角度分析，螺旋槽尺寸参数直接关系到界面角点附近的奇异应力场，从而对界面结合性能产生影响。本节将研究螺旋槽尺寸参数对应力场的影响，从而为相关尺寸参数的设计提供参考。

　　由于螺旋槽连续情况下，不存在水平直线界面，故只对比角点右侧的曲线界面的应力分布。

　　图 5-9 为螺旋槽连续与不连续两种情况下应力分布对比，两种情况都在接近界面角点附近出现了应力奇异性，最大主应力与最大剪应力的分布略有差别。螺

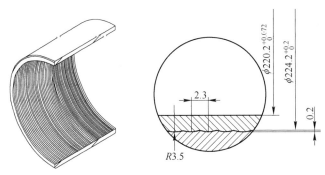

图 5-8　常见螺旋槽形状及尺寸

旋槽连续结构在距离界面角点 0.03～0.001mm 范围内最大主应力由 40MPa 上升
到 57MPa，螺旋槽不连续的结构则在同一范围内由 39MPa 左右上升到 46MPa。
可见螺旋槽连续结构不但最大主应力较大，而且在界面角点附近会体现出更加明
显的应力奇异性。从图 5-9（b）中两种结构的最大剪应力来看，螺旋槽不连续
结构的应力值总体比螺旋槽连续结构高 12MPa 左右，与两种结构最大主应力体
现出的区别不同，最大剪应力的奇异性趋势基本类似。

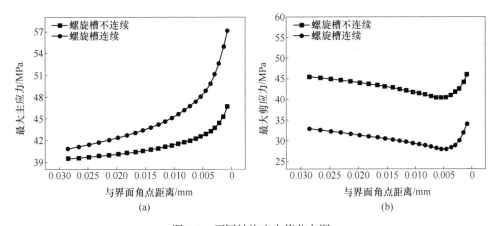

图 5-9　不同结构应力值分布图
（a）最大主应力值；（b）最大剪应力值

　　虽然从两种结构的应力场分析来看，螺旋槽不连续结构的最大主应力小于连
续结构，最大剪应力大于连续结构，但由于不连续结构只有一侧是曲线界面，另
一侧则是直线界面，故从界面角点应力场的角度分析，螺旋槽不连续结构总体优
于连续结构。因此在之后的分析计算中，以不连续的螺旋槽结构为研究对象。
　　根据螺旋槽的尺寸结构特点，依据工程实际中使用的螺旋槽结构尺寸，分别计
算不同深度和不同半径两种情况下的应力场分布。对比分析螺旋槽深度为 0.2mm、
0.3mm 和 0.4mm 三种情况下螺旋槽在水平界面和曲线界面两侧的应力场。

　　图 5-10 为螺旋槽界面角点左侧的水平界面主应力值与剪应力值分布对比，由图可知三种深度的螺旋槽主应力总体比较接近，在出现较明显的应力奇异性之前，三种深度的螺旋槽主应力相互之间只有 1MPa 左右的差值。其中 0.4mm 时的主应力最大，0.2mm 时的最小，且三种深度的螺旋槽主应力在接近界面角点时体现出的奇异性趋势比较接近。图 5-10（b）中剪应力值的对比体现出的趋势与主应力值基本相同，深度为 0.4mm 时的螺旋槽剪应力最大，0.2mm 时的最小。综合主应力与剪应力的分析结果，随着深度的增加，螺旋槽角点附近的应力场逐渐增大。

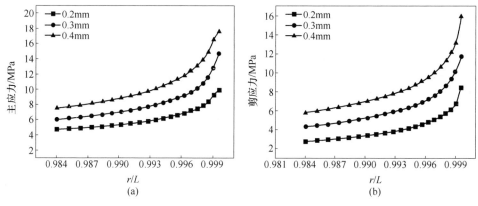

图 5-10　螺旋槽结构界面角点左侧水平界面应力
（a）主应力值；（b）剪应力值

　　图 5-11 为螺旋槽界面角点右侧的曲线界面最大主应力值和最大剪应力值分布对比，与水平界面应力场的规律不同，在距离角点 0.03mm 时，深度为 0.3mm 的螺旋槽最大主应力值最小，0.2mm、0.4mm 时螺旋槽的应力值基本相同。随着与界面角点的距离减小，0.3mm 的螺旋槽的最大主应力比 0.2mm 的增长趋势更快，在距离界面角点 0.012mm 时大于 0.2mm 深度的螺旋槽最大主应力值，并体现出了更强的应力奇异性。最大剪应力在界面角点附近的分布规律与最大主应力不同，0.2mm 深度螺旋槽的剪应力值最大，比另外两种尺寸的螺旋槽剪应力值高出 6~10MPa，0.3mm 与 0.4mm 螺旋槽的最大剪应力值在距离界面角点 0.005mm 时出现交叉，此后 0.4mm 螺旋槽体现出更强的应力奇异性。总体而言，深度较浅的螺旋槽角点附近的应力场分布优于深度较深的螺旋槽。

　　螺旋槽尺寸的另一个影响因素是半径 R，在保持界面角点结合角度不变（保证螺旋槽弧线与直线交点处的夹角为 27.66°）的情况下，分别计算了 $R=3\text{mm}$、3.5mm 和 4mm 三种情况下螺旋槽界面角点附近的奇异应力场，并进行了对比分析。

　　图 5-12 为界面角点左侧水平界面的主应力值和剪应力值，可以看到螺旋槽

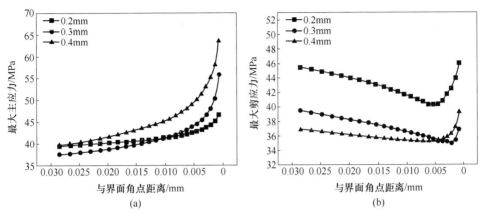

图 5-11　螺旋槽结构界面角点右侧弧线界面应力

（a）最大主应力值；（b）最大剪应力值

半径 R 为 3mm、3.5mm 和 4mm 三种情况下主应力值分布趋势基本相同，都在接近界面角点时出现了比较明显的应力奇异性，只是在应力值上相互有 2MPa 左右的差值。剪应力值的分布情况也呈现出与主应力值相同的趋势，相互之间的应力值有 1MPa 左右的差值。对比主应力值与剪应力值，$R = 3mm$ 的螺旋槽相对应力值较小。

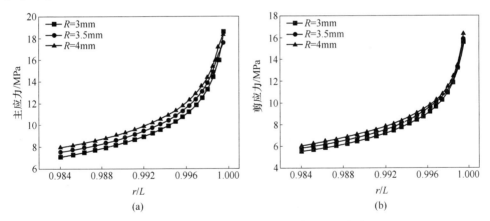

图 5-12　螺旋槽结构界面角点左侧水平界面应力

（a）主应力值；（b）剪应力值

图 5-13 为螺旋槽弧线界面右侧弧线界面应力分布，应力情况与水平侧体现出了不同的趋势。R 为 3mm、3.5mm 和 4mm 三种情况下的最大主应力值分布趋势基本相同，都在接近界面角点附近出现了比较明显的应力奇异性，在应力值上相互有 2MPa 左右的差值，其中 $R = 4mm$ 的螺旋槽应力值最大。最大剪应力值则在距离界面角点 0.03~0.005mm 范围内出现了下降的趋势，随着距离界面角点距

离的减小，应力值迅速升高，体现出明显的应力奇异性。与最大主应力不同，$R=3\text{mm}$ 的螺旋槽应力值最大，$R=4\text{mm}$ 的螺旋槽应力值则最小。总体而言，半径越小，应力值越小，有利于提高界面结合性能。

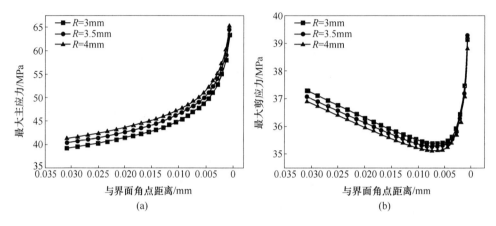

图 5-13　螺旋槽结构界面角点右侧弧线界面应力
（a）最大主应力值；（b）最大剪应力值

　　综合对比螺旋槽深度和半径 R 两种尺寸参数对界面角点附近奇异应力场的影响，不同半径 R 只对界面应力场的大小产生了影响，并不影响其分布。但螺旋槽深度的不同会影响角点右侧的弧线界面应力场的分布情况，这是由于保持半径 R 不变时，不同深度的螺旋槽对应界面角点的结合角度发生了改变，从而影响了应力奇异性指数，详见表 5-1。

5.3.2　截球面尺寸参数对界面角点应力场的影响

　　本节研究的截球面都抽象为界面角点结合角度 $\theta_1 = 90°$ 的模型，因为结合角度 $\theta_1 > 90°$ 的情况可以看作是深度较大的螺旋槽。本节中将研究截球面关键参数半径 R 对应力场的影响，从而为截球面挂金结构的尺寸提供参考。

　　图 5-14 为界面角点左侧水平界面的主应力值和剪应力值。可以看到截球面挂金结构半径 R 为 1mm、1.5mm 和 2mm 三种情况下主应力值分布趋势基本相同，都在接近界面角点附近出现了比较明显的应力奇异性，其中 $R=2\text{mm}$ 的主应力值最大，$R=1\text{mm}$ 的主应力值最小，两者差值在 5MPa 左右。三种尺寸的截球面挂金结构剪应力值的分布趋势也基本相同，但在接近界面角点附近呈现出的应力奇异性远没有主应力值的趋势明显。同样，$R=2\text{mm}$ 的截球面剪应力最大，$R=1\text{mm}$ 的剪应力最小，两者差值 4~5MPa。

　　截球面界面角点弧线界面右侧的最大主应力和最大剪应力分布趋势基本相

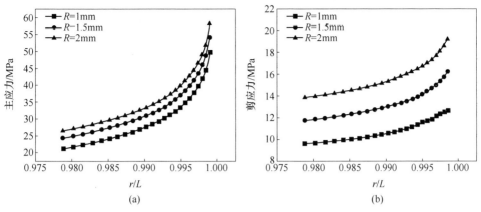

图 5-14　截球面结构界面角点左侧水平界面应力
（a）主应力值；（b）剪应力值

同，都是 $R = 2$mm 的截球面应力值最大，$R = 1$mm 的应力值最小，如图 5-15
所示。

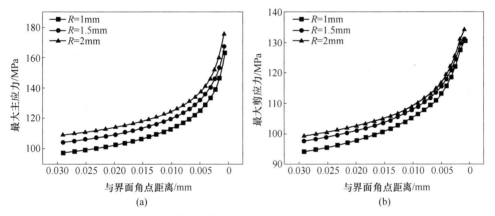

图 5-15　截球面结构界面角点右侧弧线界面应力
（a）最大主应力值；（b）最大剪应力值

　　综合分析直线界面和弧线界面的应力场可知，对奇异应力场的影响，总体是
随着半径 R 的增大，应力值增大，并且在接近界面角点附近呈现出明显的奇异
性。由于界面角点的应力值很大，截球面挂金结构尺寸对界面角点应力场的影响
不可忽略，因此从界面力学角度分析，减小截球面结构尺寸有利于减小应力值。

5.4　巴氏合金层厚度对界面角点应力场的影响

　　第 4 章研究了巴氏合金层厚度对界面端附近应力场的影响，本节研究巴氏合
金层厚度对界面角点应力场的影响，从而综合分析巴氏合金层厚度对于界面应力

场的影响。以截球面挂金结构的界面角点为研究对象，分别比较界面角点两侧的应力场分布情况。

由图 5-16 中不同厚度巴氏合金结合界面角点左侧水平界面的主应力分布情况可以得知，巴氏合金层厚度不同只对应力场数值产生了一定影响，并不影响其分布趋势。其中厚度为 2mm 的主应力值最大，厚度为 3.5mm 的主应力值最小，两者之间相差 5MPa 左右。剪应力值则正好相反，巴氏合金层厚度为 3.5mm 的剪应力值最大，比巴氏合金层厚度为 2mm 的剪应力值大 2MPa 左右。

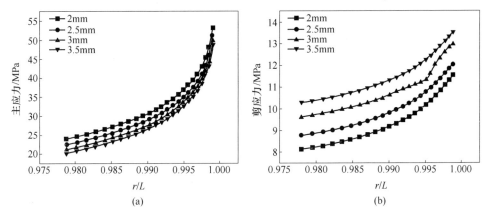

图 5-16　不同巴氏合金层厚度界面角点左侧水平界面应力
（a）主应力值；（b）剪应力值

截球面界面角点右侧弧线界面的最大主应力和最大剪应力分布趋势基本相同，都是巴氏合金层厚度为 2mm 的应力值最大，厚度为 3.5mm 的应力值最小，如图 5-17 所示。

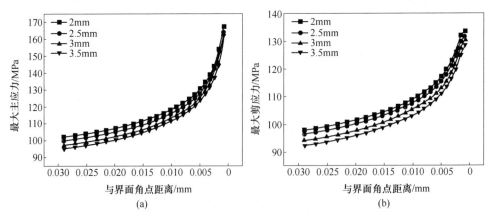

图 5-17　不同巴氏合金层厚度界面角点右侧弧线界面应力
（a）最大主应力；（b）最大剪应力

　　综合截球面角点两侧的应力场对比分析，分析了巴氏合金层厚度对应力场的影响。可知，不同巴氏合金层厚度会影响界面角点附近奇异应力场的应力值大小，而不会改变其分布趋势。总体而言，界面端和界面角点规律基本一致，即巴氏合金层厚度越薄，应力值越大，但总体上升幅度不大。由于应力值的差距不大，故厚度值的确定应结合其他影响因素，如厚度对减摩层流动性的影响等。因此从界面应力场的角度分析，巴氏合金层厚度对于结合界面性能的影响不大。

6 界面应力场与衬套界面结合性能的关联性分析

基于前述章节对衬套结合界面的奇异应力场及其影响因素的分析，研究界面应力场与结合性能的关联性。首先，依据国家标准制备试件，进行轴承双金属抗拉强度试验，为基于内聚力单元的剥离强度分析提供参数设置依据。其次，分析试验试件的界面端奇异应力场，以小幅温升作为抗拉强度试验中界面端应力场的影响因素，分析有无温度载荷对外力载荷加载初始阶段的试件界面端应力场的影响。由于小幅温升对于材料物理性能的改变可以忽略，所以温度载荷对于内聚力单元的影响体现为不同奇异应力场对结合性能的影响。基于内聚力单元的剥离裂纹模拟，分析界面端应力场与结合性能的关联性。

6.1 合金与钢体双金属结合强度破坏性试验

6.1.1 试件制备

6.1.1.1 试件尺寸参数

试验试件的结构及相关参数的制定，参照 ISO 4386/Ⅱ：1982《滑动轴承-多层金属滑动轴承-第二部分：轴承合金厚度不小于 2mm 的结合强度破坏试验方法》，同时参考 ISO 4386-2：2012《Plain Bearings Metallic Multilayer Plain Bearings. Part 2—Destructive Testing of Bond》中的相关内容。

具体形状、尺寸、公差及表面粗糙度如图 6-1 所示，其中 $R <$ 0.05mm，$R_a = 5.0\mu m$。

标准中针对不同轴承内径，分别给出两组试验试件及其对应装置的尺寸标准，具体如表 6-1 所示。

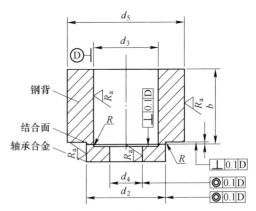

图 6-1 轴瓦双金属结合强度试样示意图

表 6-1　试样及实验装置几何尺寸和公差范围

轴承内径 d_1 /mm	试验面积 A/mm²	径向轴承与止推轴承几何尺寸和公差/mm						
		试　样				试验装置		
		d_2 ± 0.01	d_3 ± 0.01	d_4 ± 0.1	d_5	d_6 +0.1 0	d_7 0 −0.1	d_8
≤200	100	19.58	16	8.1	29	19.7	15.9	M8
>200	200	28.82	24	12.1	38	29.0	23.8	M12

文中采用的实验试件轴承内径 $d>200$mm。其中巴氏合金层厚度及钢体厚度分别为 5mm 和 25mm。

6.1.1.2　试件制备

（1）试验过程中选用与实际研究轴承衬套一致的材料，衬套基体金属材料为 Q345 钢，使用堆焊的巴氏合金材料牌号为 ZSnSb8Cu4。轴承材料的化学成分见表 6-2。

表 6-2　轴承材料的化学成分

材料名称	化学成分(质量分数) /%		
Q345 钢	1.11Mn	0.53Si	Fe 余量
ZSnSb8Cu4	3.21Cu	7.46Sb	Sn 余量

（2）焊接前需要对钢基体表面进行清洁。将 Q345 钢表面进行除油处理，随后在烘箱中烘干 2h。然后对钢体表面进行一定粗糙度的处理，去除钢体表面的氧化皮等污垢，以增加巴氏合金层与钢体基体的有效接触面积，从而提高衬套的结合强度。接着，对钢基体进行预热，目的是去除钢体表面的水分，并提高焊接时基体与巴氏合金层接触时界面的温度，从而提高巴氏合金层和钢体的结合强度，减少由于衬背和焊接材料的热膨胀差异所产生的应力集中。将衬套钢体基体均匀加热到 150~200℃ 范围内。

（3）通过熔炼、铸锭、挤压、拉丝所得到的巴氏合金丝材，制成可适用于堆焊的焊丝，或者直接购买符合规格的巴氏合金焊丝。每焊一层快速涂上一层轴瓦焊剂，并随时让焊接工件的温度保持在 250℃ 左右，同时根据焊件的温度进行调整。在焊接过程中，焊道应该同周围表面圆滑过渡，以免焊接形成的表面出现气孔。堆焊巴氏合金时合金层厚度为 5.2mm，然后对巴氏合金层进行切削加工打磨，使试样的最终巴氏合金层厚度为 5mm。该厚度并非实际油膜轴承衬套产品中巴氏合金层的厚度。

（4）为了消除试件制备过程中结合界面产生的残余应力，待到试件自然冷却到常温时，采用气动风枪，压力设定为 0.12MPa，对试件表面进行内应力的去除。

（5）将加工好的试件，通过线切割等工序，按照图 6-1 和表 6-1 数据进行加工。表中未确定的钢体层厚度 b，考虑便于试件加工和试验过程，确定钢体层厚度为 25mm。巴氏合金层厚度为 5mm。加工出标准的试验试样如图 6-2 所示。钢体结合界面形状及拉伸试验受力分析，参见 6.2 节中试件三维模型的相关分析。

图 6-2　轴瓦双金属结合强度试样图

6.1.2　试验设备

轴承双金属结合强度的测定需要在 20～60kN 的万能材料试验机上进行。选用 WDW-E 微机控制电子式万能试验机。该试验机主要用于对金属、非金属等材料的拉伸、压缩、剪切、撕裂等力学特性的测试和分析研究，可以根据 GB、ISO、JIS、ASTM、DIN 等多种标准进行试验和数据处理。设备调速比可达1：100000，且使用了全数字闭环测控系统，可以实现实验力、试样变形、横梁位移和试验进程的四种闭环控制。其主要参数见表 6-3。

表 6-3　微机控制电子万能试验机主要参数

性能	最大试验力	测量范围	试验力分辨力	变形测量精度	速度控制精度	最大拉伸空间	最大压缩空间
参数	100kN	最大试验力的0.4%～100%	±1/500000	±0.5%	±0.5%	600mm	700mm

6.1.3　压缩装置

根据所选择的压缩试验方法，选择相应的压缩装置来保证试验的正常进行。压缩装置示意图见图 6-3。

参照表 6-1 数据，根据实际需求，确定压缩装置的具体尺寸如图 6-4（a）

所示。

　　根据已确定的压缩装置尺寸，实际选用的压缩装置如图 6-4（b）所示。

6.1.4 实验方法

　　滑动轴承双金属结合强度破坏性试验方法分为两种，一种为拉伸法，另一种为压缩法。考虑到拉伸法的拉伸实验装置比较复杂，选用压缩法来对轴承试样进行实验。

　　（1）试样装置安装和试样固定：为了确保检测结果的精确性，需要调整实验配套装置在万能试验机压缩台上的位置，从而可以使得试样的结合面上受到垂直方向的载荷。然后，将试样按照图 6-3 所示方法进行固定。图 6-4（b）为固定好试样的结果。

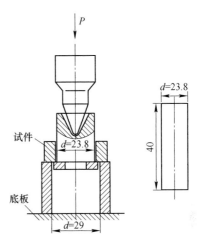

图 6-3　压缩装置示意图

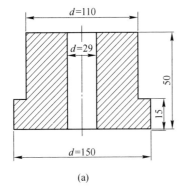

(a)

(b)

图 6-4　压缩装置尺寸及实物

（a）压缩装置尺寸；（b）压缩装置实物

　　（2）施加载荷：通过试验设备的加载界面对试样进行加载，先将压头快速下降，使压头与压缩装置进行接触。然后调整加载速度，使施加的试验载荷慢慢增加，使其载荷的增值为 $10\,N/(mm^2 \cdot s)$。一直加载，直到合金或结合层发生开裂，或者使合金层从钢体上撕离为止，此时试验载荷达到最大。

　　（3）试验记录：对于最大载荷进行记录，通过试验机的系统对实验数据手动保存。记录下实验数据，并需要观察记载试样的情况、试样的压缩破坏区域、其损坏的形式和衬套的制造缺陷等。

　　试验中使用的万能拉伸试验机如图 6-5 所示。

图 6-5　试验中使用的万能拉伸试验机

6.1.5　试验结果及数据处理

针对抗拉强度试验中可能出现试样的破坏形式，其结合强度的判定方法如下：

（1）衬层剪断破坏。通过试验载荷的作用，在试件的衬层 d_3 处剪断，说明该厚度下衬套的合金材料剪切强度小于其复合材料的结合强度，表明此厚度值下衬套实际的结合强度大于根据最大载荷计算出的结合强度。

（2）衬层沿结合面撕离破坏。通过试验载荷的作用，试件的衬层沿衬套的结合面处撕离，说明其结合强度不大于该厚度衬层的衬套实际结合强度。至于究竟是小于还是等于实际的结合强度，需要通过观察撕离处的状况进行判断。

（3）衬层沿薄弱部位撕断破坏。通过试验载荷的作用，试件的衬层沿其薄弱区域发生撕裂破坏，说明衬套的结合强度大于衬层材料的极限拉伸强度，且实际结合强度大于根据最大载荷计算出的结合强度。

根据标准，基于压缩试验的结合强度按如下方法计算：

$$R_{ch} = F_{max}/A \tag{6-1}$$

式中，F_{max} 为使结合界面发生破坏的最大载荷值，由试验设备直接读取；R_{ch} 为结合强度，N/mm^2；A 为试验面积，具体数值参见表 6-1。

处理后的试验数据见表 6-4，其中，部分由于焊接工艺造成结合不良的试件拉伸数据已被剔除。

表 6-4　基于压缩试验的结合强度数据

试　样	结合面积 A/mm^2	最大实验载荷 /kN	结合强度 /N·mm^{-2}	破坏形式
1	200	17.2329	86.1645	撕离破坏
2	200	17.6843	88.4215	撕离破坏
3	200	16.6019	83.0095	撕离破坏
4	200	17.3011	86.5055	撕离破坏
5	200	17.5875	87.9375	撕离破坏
6	200	17.2055	86.0275	撕离破坏

通过表 6-4 可以算出，其平均结合强度为 86.34N/mm^2。通过试验试样的破坏情况可以看出，其结合强度等于该厚度下衬层衬套的真实结合强度。通过对其断口的观察，对其结合性质进行评估。检查通过压缩试验后的试件，其断裂位置处无衬套钢体表面加工纹路，所以判定为塑性结合。

6.2 试验试件界面端奇异应力场分析

6.2.1 试件界面端应力场模型

参照文献[31]和 GB/T 12948—1991《滑动轴承 双金属结合强度破坏性试验方法》，给出试件材料结合界面的形式进行力学模型的抽象，可知结合界面实际上是由两个半径相同的中空圆柱体端面完全重合形成的界面。结合界面端的力学模型如图 6-6 所示，上下两部分分别对应材料 1 和 2，主要材料性能包括弹性模量、泊松比和线膨胀系数。

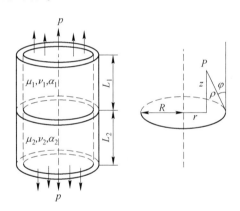

图 6-6　实验试件对应的力学模型

文献[32]针对圆柱形结合界面给出了渐近线形式的界面端奇异应力场。与 Y. L. Li 研究的模型不同，文中的轴对称结合界面呈现中空特征，会产生内外两个界面端，但外端面附近的边界条件与实心圆柱体模型中的完全一样。虽然内侧界面端奇异应力场的存在势必会影响外侧界面端的应力场分布，但奇异应力场的影响范围较小。

基于 Y. L. Li 给出的实心圆柱体端面结合的界面端奇异应力场的计算方法，建立空心圆柱外侧界面端的奇异应力场。根据弹性力学中的相容性方程：

$$\nabla^4 \phi = \nabla^2 \nabla^2 \phi = 0 \tag{6-2}$$

其中，$\nabla^2 = \dfrac{\partial}{\partial r^2} + \dfrac{1}{r}\dfrac{\partial}{\partial r} + \dfrac{\partial^2}{\partial z^2}$，柱坐标系下，应力分量和位移分量表示为：

$$\begin{cases} \sigma_r = \dfrac{\partial}{\partial z}\left(\nu \, \nabla^2\phi - \dfrac{\partial^2\phi}{\partial r^2}\right), \ \sigma_t = \dfrac{\partial}{\partial z}\left(\nu \, \nabla^2\phi - \dfrac{1}{r}\dfrac{\partial\phi}{\partial r}\right), \ \sigma_z = \dfrac{\partial}{\partial z}\left((2-\nu)\,\nabla^2\phi - \dfrac{\partial^2\phi}{\partial z^2}\right) \\[3mm] \tau_{rz} = \dfrac{\partial}{\partial r}\left((1-\nu)\,\nabla^2\phi - \dfrac{\partial^2\phi}{\partial z^2}\right) \end{cases}$$

$$(6\text{-}3)$$

$$2\mu u_r = -\frac{\partial^2\phi}{\partial r\partial z}, \quad 2\mu u_z = 2(1-\nu)\,\nabla^2\phi - \frac{\partial^2\phi}{\partial z^2} \qquad (6\text{-}4)$$

采用 Y. L. Li 提出的应力函数形式，式中 A、B、C、D 以及 λ 为未知量：

$$\phi(\rho, \varphi) = \rho^{\lambda+2}\left[A\sin(\lambda+2)\varphi + B\cos(\lambda+2)\varphi + C\sin\lambda\varphi + D\cos\lambda\varphi\right]$$

$$(6\text{-}5)$$

$$\begin{aligned} \sigma_r = \lambda(\lambda+1)\rho^{\lambda-1}\{ & A(\lambda+2)\sin(\lambda-1)\varphi + B(\lambda+2)\cos(\lambda-1)\varphi + \\ & C[(-1+4\nu)\sin(\lambda-1)\varphi + (\lambda-1)\sin(\lambda-3)\varphi] + \\ & D[(-1+4\nu)\cos(\lambda-1)\varphi + (\lambda-1)\cos(\lambda-3)\varphi]\} \end{aligned}$$

$$(6\text{-}6)$$

$$\sigma_t = \lambda(\lambda+1)\rho^{\lambda-1}\left[C4\nu\sin(\lambda-1)\varphi + D4\nu\cos(\lambda-1)\varphi\right] \qquad (6\text{-}7)$$

$$\begin{aligned} \sigma_z = \lambda(\lambda+1)\rho^{\lambda-1}\{ & -A(\lambda+2)\sin(\lambda-1)\varphi - B(\lambda+2)\cos(\lambda-1)\varphi + \\ & C[(5-4\nu)\sin(\lambda-1)\varphi - (\lambda-1)\sin(\lambda-3)\varphi] + \\ & D[(5-4\nu)\cos(\lambda-1)\varphi - (\lambda-1)\cos(\lambda-3)\varphi]\} \end{aligned}$$

$$(6\text{-}8)$$

$$\begin{aligned} \tau_{rz} = \lambda(\lambda+1)\rho^{\lambda-1}\{ & A(\lambda+2)\cos(\lambda-1)\varphi - B(\lambda+2)\sin(\lambda-1)\varphi + \\ & C[(4\nu-3)\cos(\lambda-1)\varphi + (\lambda-1)\cos(\lambda-3)\varphi] + \\ & D[(3-4\nu)\sin(\lambda-1)\varphi - (\lambda-1)\sin(\lambda-3)\varphi]\} \end{aligned}$$

$$(6\text{-}9)$$

$$\begin{aligned} u_r = \frac{\lambda+1}{2\mu}\rho^{\lambda}[& A(\lambda+2)\cos\lambda\varphi - B(\lambda+2)\sin\lambda\varphi + \\ & C\lambda\cos(\lambda-2)\varphi - D\lambda\sin(\lambda-2)\varphi] \end{aligned}$$

$$(6\text{-}10)$$

$$\begin{aligned} u_z = \frac{\lambda+1}{2\mu}\rho^{\lambda}\{ & -A(\lambda+2)\sin\lambda\varphi - B(\lambda+2)\cos\lambda\varphi + C[(6-8\nu)\sin\lambda\varphi - \\ & \lambda\sin(\lambda-2)\varphi] + D[(6-8\nu)\cos\lambda\varphi - \lambda\cos(\lambda-2)\varphi]\} \end{aligned}$$

$$(6\text{-}11)$$

将应力分量和位移分量代入自由边界条件和界面连续性条件：

$$\sigma_{r1}(\rho, 0) = 0, \ \tau_{rz1}(\rho, 0) = 0, \ \sigma_{r2}(\rho, 0) = 0, \ \tau_{rz2}(\rho, 0) = 0 \quad (6\text{-}12)$$

$$\begin{cases} \sigma_{z1}(\rho, \pi/2) = \sigma_{z2}(\rho, \pi/2), \ \tau_{rz1}(\rho, \pi/2) = \tau_{rz2}(\rho, \pi/2) \\ u_{r1}(\rho, \pi/2) = u_{r2}(\rho, \pi/2), \ u_{z1}(\rho, \pi/2) = u_{z2}(\rho, \pi/2) \end{cases} \qquad (6\text{-}13)$$

得到关于 $A_1 : D_1$ 以及 $A_2 : D_2$ 八个系数的线性方程组，由系数矩阵行列式为零，得到关于 λ 的特征方程：

$$(\alpha - \beta)^2 \lambda^4 + \left[2\beta(\alpha - \beta)\sin^2\left(\frac{\lambda\pi}{2}\right) - \alpha^2 \right] \lambda^2 +$$

$$\sin^2\left(\frac{\lambda\pi}{2}\right) \left[(\beta^2 - 1)\sin^2\left(\frac{\lambda\pi}{2}\right) + 1 \right] = 0 \qquad (6\text{-}14)$$

计算得到，$\lambda = 0.8895$，由 $\omega = 1 - \lambda$ 确定应力奇异性指数 $\omega = 0.1105$。以上推导过程中涉及的参数在第 2 章已详细介绍过，这里不再赘述。

确定了应力奇异性指数，Y. L. Li 提出应力场的完整形式为：

$$\sigma_{ij}(\rho, \varphi) = \frac{K}{(\rho/R)^\omega} \zeta_{ij}(\varphi) + \sigma_{ij}^0 \qquad (6\text{-}15)$$

其中，角函数为：

$$\zeta_r(\varphi) = a_j\sin(\lambda - 1)\varphi + b_j\cos(\lambda - 1)\varphi + c_j\big[(-1 + 4\nu_j)\sin(\lambda - 1)\varphi +$$
$$(\lambda - 1)\sin(\lambda - 3)\varphi\big] + d_j\big[(-1 + 4\nu_j)\cos(\lambda - 1)\varphi + (\lambda - 1)\cos(\lambda - 3)\varphi\big]$$

$$(6\text{-}16)$$

$$\zeta_t(\varphi) = c_j4\nu_j\sin(\lambda - 1)\varphi + d_j4\nu_j\cos(\lambda - 1)\varphi \qquad (6\text{-}17)$$

$$\zeta_z(\varphi) = -a_j\sin(\lambda - 1)\varphi - b_j\cos(\lambda - 1)\varphi + c_j\big[(5 - 4\nu_j)\sin(\lambda - 1)\varphi -$$
$$(\lambda - 1)\sin(\lambda - 3)\varphi\big] + d_j\big[(5 - 4\nu_j)\cos(\lambda - 1)\varphi - (\lambda - 1)\cos(\lambda - 3)\varphi\big]$$

$$(6\text{-}18)$$

$$\zeta_{rz}(\varphi) = a_j\cos(\lambda - 1)\varphi - b_j\sin(\lambda - 1)\varphi + c_j\big[(-3 + 4\nu_j)\cos(\lambda - 1)\varphi +$$
$$(\lambda - 1)\cos(\lambda - 3)\varphi\big] + d_j\big[(3 - 4\nu_j)\sin(\lambda - 1)\varphi - (\lambda - 1)\sin(\lambda - 3)\varphi\big]$$

$$(6\text{-}19)$$

角函数系数的计算公式已在文献中给出，相关公式详见附录。根据公式计算的角函数系数见表 6-5。

表 6-5　角函数系数计算结果

相关系数	a_1	b_1	c_1	d_1	a_2	b_2	c_2	d_2
计算结果	-0.854	0.003	-0.36	0.241	2.135	-0.827	-0.154	0.125

根据角函数系数的计算结果，对角函数形式进行整理，给出以下试件模型的界面端应力场：

$$\sigma_{r1}(\rho, \varphi) = \frac{K}{(\rho/R)^\omega}\big[-0.8972\sin(-0.1105\varphi) + 0.032\cos(-0.1105\varphi) +$$
$$0.0398\sin(-2.1105\varphi) - 0.0265\cos(-2.1105\varphi)\big] + \sigma_r^0$$

$$(6\text{-}20)$$

$$\sigma_{t1}(\rho, \varphi) = \frac{K}{(\rho/R)^\omega}\big[-0.4032\sin(-0.1105\varphi) + 0.2699\cos(-0.1105\varphi)\big] + \sigma_t^0$$

$$(6\text{-}21)$$

$$\sigma_{z1}(\rho,\ \varphi) = \frac{K}{(\rho/R)^{\omega}}[\,0.5428\sin(-0.1105\varphi) + 0.932\cos(-0.1105\varphi) -$$

$$0.04\sin(-2.1105\varphi) + 0.0266\cos(-2.1105\varphi)\,] + \sigma_z^0$$

$$\text{(6-22)}$$

$$\tau_{rz1}(\rho,\ \varphi) = \frac{K}{(\rho/R)^{\omega}}[\,0.45\sin(-0.1105\varphi) - 0.1772\cos(-0.1105\varphi) +$$

$$0.0266\sin(-2.1105\varphi) + 0.0398\cos(-2.1105\varphi)\,] + \sigma_{rz}^0$$

$$\text{(6-23)}$$

$$\sigma_{r2}(\rho,\ \varphi) = \frac{K}{(\rho/R)^{\omega}}[\,2.0937\sin(-0.1105\varphi) - 0.7935\cos(-0.1105\varphi) +$$

$$0.017\sin(-2.1105\varphi) - 0.0138\cos(-2.1105\varphi)\,] + \sigma_r^0$$

$$\text{(6-24)}$$

$$\sigma_{t1}(\rho,\ \varphi) = \frac{K}{(\rho/R)^{\omega}}[\,-0.195\sin(-0.1105\varphi) + 0.159\cos(-0.1105\varphi)\,] + \sigma_t^0$$

$$\text{(6-25)}$$

$$\sigma_{z1}(\rho,\ \varphi) = \frac{K}{(\rho/R)^{\omega}}[\,-2.7097\sin(-0.1105\varphi) + 1.2935\cos(-0.1105\varphi) -$$

$$0.017\sin(-2.1105\varphi) + 0.0138\cos(-2.1105\varphi)\,] + \sigma_z^0$$

$$\text{(6-26)}$$

$$\tau_{rz2}(\rho,\ \varphi) = \frac{K}{(\rho/R)^{\omega}}[\,1.0435\sin(-0.1105\varphi) + 2.4017\cos(-0.1105\varphi) +$$

$$0.0138\sin(-2.1105\varphi) + 0.017\cos(-2.1105\varphi)\,] + \sigma_{rz}^0$$

$$\text{(6-27)}$$

应力场中待定系数为应力强度因子 K 和常应力项 σ_0，确定其值需要依据有限元模拟计算所得的应力值和边界位移值。利用有限元方法对实验试件进行三维建模，并网格划分。试件模型及总体网格划分见图 6-7。

为了更好地模拟结合强度测试中拉伸试验的实际受力情况，对模型中钢体部分的下表面施加位移约束，在巴氏合金部分的上内凹面施加载荷。

为了获得足够数据，网格划分过程中对结合界面进行局部网格细化。结合界面局部网格细化参见图 6-7（c）。

部分模拟结果如图 6-8 所示，由于实验设计中压缩装置的工作方式，造成试件压缩过程中结合界面并不是理想力学模型中的均匀受载情况，而是在内端面应力值达到峰值。随着轴心距离的增加，应力值不断减小，在外端面应力值达到最小值。在这种情况下，如果直接提取位移与正应力值进行应力场相关参数的计

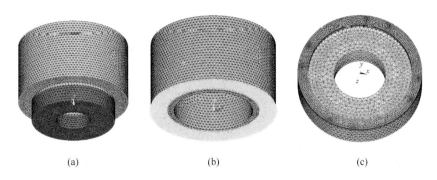

图 6-7 实验试件三维模型及载荷施加方式
（a）网格划分；（b）约束施加方式；（c）载荷施加方式

算，会造成在外界面端不存在应力奇异性的情况。

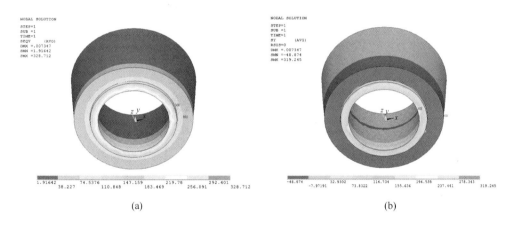

图 6-8 施加 30MPa 载荷时部分计算结果
（a）Mises 等效应力；（b）正应力值

假定两个实心圆柱体端面对接，并受到均匀拉力，不考虑由于界面端引起的应力奇异性，界面上的各点应力情况是一样的。同样受力情况下，两个空心圆柱体端面对接，不考虑界面端应力奇异性，结合界面上各点受力情况也应是一样的。研究界面端奇异应力场问题时，内外端面在受载均匀情况下的奇异应力场分布应是接近的。

文中重点关注的是界面端奇异应力场对界面结合性能的影响，故针对应力更大的内端面进行计算。内端面的应力场分布参照外端面的形式给出，常应力项和应力强度因子 K 的计算采用模拟结果中同位置的分析结果，应力强度因子 K 根据最小二乘法计算，计算方法见式（6-28）：

$$\Pi_{kl} = \sum_{n=1}^{N} \left[\sigma_{kl}^{FE}(\rho_n - \varphi_n) - \sigma_k(\rho_n - \varphi_n) \right]^2$$

$$= \sum_{n=1}^{N} \left[\sigma_{kl}^{FE}(\rho_n - \varphi_n) - \sigma_{kl}^0 - K \left(\frac{\rho_n}{R} \right)^{-\omega} \zeta_{kl}(\varphi_n) \right]^2 \tag{6-28}$$

外力载荷作用下，应力场的常应力项的计算方法为：

$$\begin{cases} \sigma_r^0 = 0 \\ \sigma_t^0 = 2\mu_j \dfrac{\kappa(1+\nu_2)\nu_1 - (1+\nu_1)\nu_2}{\nu_1\kappa - \nu_2} \dfrac{u_0}{R} \\ \tau_{rz}^0 = 0 \\ \sigma_z^0 = 2\mu_2 \dfrac{\nu_2 - \nu_1}{\nu_1\kappa - \nu_2} \dfrac{u_0}{R} \end{cases} \tag{6-29}$$

温度载荷作用下，应力场的常应力项的计算方法为：

$$\begin{cases} \sigma_r^0 = 0 \\ \sigma_t^0 = 2\mu_j \left[\dfrac{\kappa(1+\nu_2)\nu_1 - (1+\nu_1)\nu_2}{\nu_1\kappa - \nu_2} \dfrac{u_0}{R} - \dfrac{\kappa(1+\nu_2)\alpha_2\nu_1 - (1+\nu_1)\alpha_1\nu_2}{\nu_1\kappa - \nu_2}\Delta T \right] \\ \tau_{rz}^0 = 0 \\ \sigma_z^0 = 2\mu_2 \left[\dfrac{\nu_2 - \nu_1}{\nu_1\kappa - \nu_2} \dfrac{u_0}{R} - \dfrac{(1+\nu_2)\alpha_2 - (1+\nu_1)\alpha_1}{\nu_1\kappa - \nu_2}\Delta T \right] \end{cases}$$

$$\tag{6-30}$$

式中，u_0 值需要依据有限元模拟结果的边界位移值，并由 $u_0 = u_r^{FE}|_{\rho=0}$ 确定。

由于试件模型轴对称，与对称轴距离相同的两侧边界位移值大小相同，正负相反，这样位移值代表方向性的正负号会对常应力项的计算带来干扰，故在常应力项的计算中，统一采用位移值的绝对值。涉及的常应力项、应力强度因子的计算和对应情况的计算结果在 6.2.2 节给出。

6.2.2　温度载荷对界面端应力场的影响

为了减小温度对于材料物理性能的影响，温升幅度设置为 10℃[33]。分别对比外力载荷为 5MPa 和 20MPa 情况下有无温度载荷的界面端及结合界面应力值。结合界面和界面端应力场的比较，选取正应力值 σ_z 进行对比。

由图 6-9 可以看到，外力载荷为 5MPa 时，有无温度载荷作用下，结合界面的正应力分布趋势基本一致。有温度载荷的结合界面由于存在热应力，应力值总体较大。

图 6-10 给出外力载荷为 20MPa 时，有无温度载荷作用的结合界面正应力值，

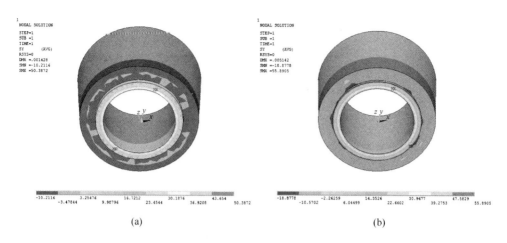

(a)   (b)

图 6-9 外力载荷为 5MPa 时有无温度载荷的结合界面正应力值对比

（a）无温度载荷作用；（b）有温度载荷作用

对比应力值分布与 5MPa 作用下的基本相同。由于载荷的增大，热应力对应力场分布的影响相对减小。

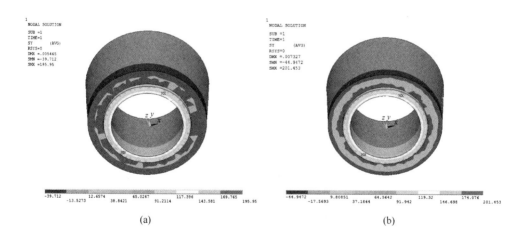

(a)   (b)

图 6-10 外力载荷为 20MPa 时有无温度载荷的结合界面正应力值对比

（a）无温度载荷作用；（b）有温度载荷作用

由于试件的材料属性以及结合角度没有发生变化，在不同温度载荷和外力载荷作用下，角函数并不发生变化，限于篇幅，不再给出表 6-6 所示各情况对应的完整的界面端奇异应力场，仅给出常应力项以及应力强度因子的计算结果。

结合奇异应力场，分析对比不同外力载荷和温度载荷作用下巴氏合金层结合界面端部附近的应力场，以 σ_z 值进行对比。

表 6-6　常应力项和应力强度因子计算结果

不同载荷条件	5MPa 无温度载荷	5MPa 有温度载荷	20MPa 无温度载荷	20MPa 有温度载荷
σ_z^0	0.436	−26.14	1.67	−24.81
K	16.29	37.44	63.36	83.31

图 6-11（a）给出 5MPa 外力载荷时的巴氏合金界面端附近的应力值分布。可以看到应力值在接近界面端时呈现出应力奇异性，在距离界面端奇点 0.014mm 处，应力值 σ_z 达到 38MPa 左右。

图 6-11（b）给出 5MPa 外力载荷和 10℃ 温升载荷时的巴氏合金界面端附近的应力值分布。可以看到应力值在接近界面端时呈现出应力奇异性，在距离界面端奇点 0.014mm 处，应力值 σ_z 达到 60MPa 左右。对比图 6-11（a）和（b）可知，应力值 σ_z 的分布趋势基本相同，由于后者受到了温升载荷的作用，在距离界面端奇点相同距离处应力值存在约 22MPa 的差值。分析应力场表达式可知，加入温度载荷会改变常应力项和应力强度因子，但对角函数不会产生影响，故温升载荷并不会改变应力场分布的总体趋势。

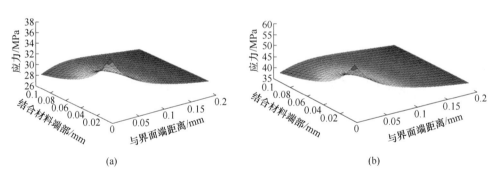

(a)　　　　　　　　　　　　　　　　(b)

图 6-11　外力载荷为 5MPa 时有无温度载荷的巴氏合金界面端附近 σ_z 值

（a）不考虑温度影响；（b）考虑温度影响

图 6-12（a）给出仅承受 20MPa 外力载荷时的巴氏合金界面端附近的应力值分布情况。应力值在接近界面端时呈现出应力奇异性，在距离界面端奇点 0.014mm 处，应力值 σ_z 达到 145MPa 左右。

图 6-12（b）给出承受 20MPa 外力载荷和 10℃ 温升载荷条件下的巴氏合金界面端附近的应力值分布情况。可以看到应力值在接近界面端时呈现出应力奇异性，在距离界面端奇点 0.014mm 处，应力值 σ_z 达到 167MPa 左右。与图 6-11 对比可知，应力值 σ_z 的分布趋势基本相同，由于后者受到了温升载荷的作用，故在距离界面端奇点相同距离处应力差值同样为 22MPa 左右。

综合对比以上不同情况下巴氏合金界面端附近的应力值分布，可知在外力载

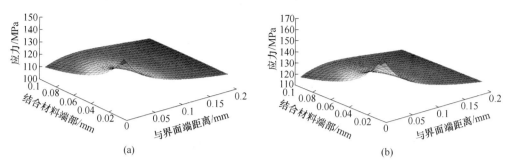

图 6-12 外力载荷为 20MPa 时有无温度载荷的巴氏合金界面端附近 σ_z 值

(a) 不考虑温度影响；(b) 考虑温度影响

荷较小的情况下，即使是较小的温升也会对界面端应力场的应力值产生比较大的影响，随着外力载荷的不断增大，温度载荷对应力场的影响逐渐减小。为了更加全面地反映这一趋势，需要对界面层的应力值分布进行计算和对比。

　　基于已经建立的界面端奇异应力场，分别计算结合界面端部附近的正应力值，计算范围为距离界面端 0.005～0.1mm 范围内 1000 个点的应力值，同时对比5MPa 以及 20MPa 作用下有无温度载荷对应力场的影响。

　　图 6-13（a）对比了 5MPa 外力载荷作用时，有无温度载荷对界面层正应力的影响。可以看出：在距离界面端奇点 1mm 处，两种情况的应力差值仅为 1～2MPa。随着与界面端距离的减小，应力差值不断增大，达到 10MPa 左右，施加了小幅温升载荷的试件在界面端附近呈现出的奇异性趋势明显强于未施加温度载荷的情况。图 6-13（b）中由于所受外力载荷值的增大，有无温度载荷的两种情况所对应的应力场分布差别很小，尤其在界面端附近呈现出的奇异性趋势非常接近。

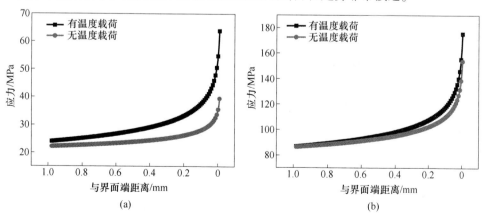

图 6-13 外力载荷为 5MPa 和 20MPa 时结合界面有无温度载荷情况下正应力对比

(a) 5MPa 载荷作用；(b) 20MPa 载荷作用

综合分析巴氏合金界面端附近的应力值分布以及界面层应力值分布，可知在抗拉强度试验中，在施加外力载荷的初始阶段，由于载荷比较小，温度载荷对界面端应力场具有显著的影响，随着外力载荷的不断增大，小幅温升对奇异应力场的影响逐渐减小。但外力载荷施加的初始阶段，小幅温升对界面端应力场的影响会直接关系到最终抗拉强度，为了验证两者之间存在这种联系，通过引入特殊的裂纹分析单元 cohesive 内聚力单元进行研究。

6.3 界面奇异应力场对复合材料结合性能的影响

在抗拉强度试验中，由试件的实际受力方式分析可知，试件实际承受的并不是均匀加载在试件结合界面的外力载荷，由于载荷作用的巴氏合金承载面与结合界面是同心圆环，结合界面实际受力情况类似于剥离试验中的复合材料界面，基于这一分析，引入内聚力模型对巴氏合金与钢体的结合界面进行剥离开裂分析。

上一节通过小幅温升在试验试件的界面端奇异应力场中加入了温度载荷的影响。对比不同外力载荷时温度载荷对应力场的影响可知，在外力加载的初始阶段，小幅温升对界面端奇异应力场影响较大。由于温升幅度很小，其对材料本身物理性能的影响可以忽略不计。因此，如果以抗拉强度作为界面结合性能的一个评价指标，通过对比有无温度载荷作用下的试件抗拉强度的区别，就可以建立奇异应力场与界面结合性能之间的联系。

通过引入内聚力模型，基于有限元软件中的 cohesive 单元，以剥离开裂分析对以上思路进行验证。由于有无温度载荷作用下的试件界面端奇异应力场有较大差别，界面端更大的应力场会促进裂纹的萌生与扩展，具有不同奇异应力场的剥离模型的断裂能不同。以下分析中，分别模拟了两种断裂能下的裂纹萌生与扩展过程。

6.3.1 cohesive 单元简介

cohesive 单元的理论基础是弹塑性断裂力学，其基本思想是在裂纹尖端存在一个微小的内聚力区域，在内裂纹表面上存在位移值小于临界裂纹位移值的部分，这部分裂纹面上的应力是关于位移的函数，这一函数关系称为张力位移关系。

与传统的断裂力学分析方法相比，cohesive 单元最明显的优势在于：在传统的有限元计算中，裂纹裂尖的应力值取决于奇异点附近网格划分的尺寸。尺寸越小，应力值越大，因此，依赖于网格密度的应力值对分析裂纹问题意义不大。cohesive 单元基于内聚力模型，其在裂纹萌生及扩展中的数学描述连续统一，从而对网格不具有依赖性。而且 cohesive 单元并不需要在模型中预先设置裂纹。

6.3.2 基于 cohesive 单元的结合性能

6.3.2.1 cohesive 单元模拟参数设置

（1）采用双线性张力位移关系的内聚力模型。

（2）cohesive 单元属性设置主要依据实验测得的抗拉强度值，应变准则采用 Maxs Damage 最大名义应力准则，即当任何一个名义应力比值达到 1 时，损伤开始。以试验测得的 86MPa 作为名义应力值（nominal stress）。

（3）cohesive 单元设置时由于要将单元厚度设置为零，在建立 section 步骤中在 initial thickness 设置 specify 为 1。cohesive 单元划分网格时选择 COH2D4 单元类型，划分方式设置为 sweep，要注意设置单元退化。通过修改 cohesive 单元节点的纵坐标，将单元厚度设置为零，以更好地体现裂纹的萌生和扩展过程。

cohesive 单元厚度设置为零后的网格形式如图 6-14 所示。

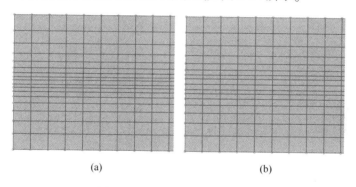

(a)　　　　　　　　　　　(b)

图 6-14　cohesive 单元厚度设置

（a）原始单元厚度；（b）单元厚度设置为 0

（4）断裂能设置：断裂能是 cohesive 单元的关键参数，由于试验条件的限制，无法直接获得断裂能值，需要依据张力位移关系对断裂能取值范围进行估计。由图 6-15 张力位移关系曲线可知，裂纹萌生阶段应力值随着界面位移值的增大而增大，当达到最大应力值时，材料的结合界面开始出现损伤。曲线的第二阶段，应力值随着位移值的增大而减小，界面裂纹开始扩展，直至应力值为零，材料在该点完全破坏。通过以上分析可知，断裂能可以通过计算张力位移曲线下的面积获得。张力位移曲线的左侧部分斜率是 cohesive 单元的刚度，在这里使用巴氏合金的弹性模量。依据张力位移关系对断裂能的估计值为 0.15MJ/mm^2。

6.3.2.2 模拟结果对比分析

图 6-16 为在断裂能值不同的情况时，cohesive 单元剥离开裂模拟的对比。左

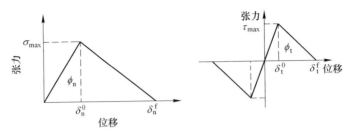

图 6-15   双线性张力位移关系

侧断裂能设置为 $0.15\mathrm{MJ/mm^2}$，右侧断裂能设置为 $0.14\mathrm{MJ/mm^2}$。由结合界面端部应力场的分布可以看出，断裂能较大的复合材料试样裂纹的萌生趋势小于断裂能较小的试样裂纹的萌生趋势。

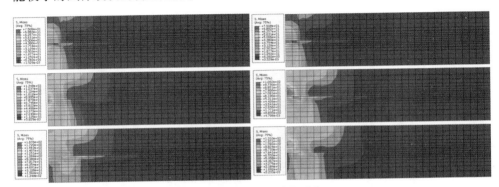

图 6-16   裂纹萌生阶段对比

图 6-17 为裂纹的扩展阶段对比，可以看到断裂能较小的试件在界面端部产生裂纹后以更强的趋势向完全结合的部分扩展，使复合材料发生完全破坏。

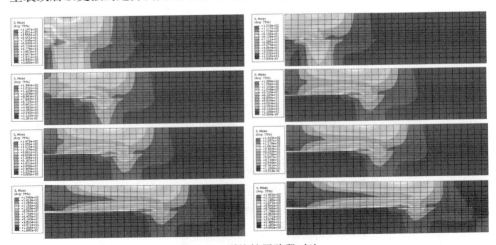

图 6-17   裂纹扩展阶段对比

　　综合对比不同断裂能条件下，巴氏合金与钢体结合的复合材料在剥离载荷作用下的裂纹萌生和扩展阶段趋势，可以得到：较小的断裂能会增强开裂趋势。断裂能的设置之所以不同，是基于对有无温度载荷作用下的结合界面奇异应力场的分析对比提出。由于小幅温升对于材料物理性能的影响很小，但对于载荷加载初始阶段的界面应力场影响很大，而界面端较强的应力场会影响结合界面性能，在剥离开裂分析中则体现为裂纹萌生和扩展的趋势。文中认为界面应力场在复合材料结合端部的奇异性趋势会使得裂纹开裂过程中释放的能量值发生变化，在施加外力载荷并考虑奇异应力场影响的情况下，断裂能不是固定不变的。基于上述观点，以剥离开裂分析中裂纹萌生和扩展作为界面结合性能的体现，确立了界面奇异应力场与界面结合性能的关联。

7 油膜轴承巴氏合金结合界面影响因子

界面广泛存在于复合材料和涂层材料，由于其具有化学性质的不确定性和物理尺度难以测量的特点，相关力学分析中通常将其简化或忽略。工程上对关键部位材料使用性能的要求逐渐苛刻，故针对界面结合强度的研究迫在眉睫，原本忽略或简化的问题也被认为是影响计算结果的重要因素。基于油膜轴承衬套钢基体与巴氏合金形成的复合材料，通过定义巴氏合金影响因子 λ，给出理论推导过程，了解其内在机理和物理意义，并通过试验设计与数据分析，得出影响因子 λ 关于巴氏合金比重 ξ 的数学模型，为油膜轴承巴氏合金层最佳厚度的确定提供科学依据。

7.1 界面影响因子推导

7.1.1 影响因子计算公式

考虑到钢基体和巴氏合金结合形成的双层复合材料特点，提出巴氏合金影响因子的计算公式为：

$$\frac{1}{E} = \lambda \frac{1}{E_2} + (1 - \lambda) \frac{1}{E_1} \tag{7-1}$$

式中，E 为复合材料弹性模量，GPa；E_1 为巴氏合金弹性模量（试验用巴氏合金牌号为 ZSnSb11Cu6），GPa；E_2 为钢体弹性模量（书中所用钢套材料为 20 钢），GPa；λ 为巴氏合金影响因子。

7.1.2 计算公式推导与图解

图 7-1 为复合材料在弹性区间拉伸变形时各个材料的变形示意图。简化分析为：各个材料的合变形为复合材料的变形，满足平行四边形准则。

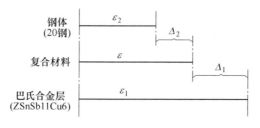

图 7-1　复合材料变形示意图

（1）设复合材料变形为 ε ，巴氏合金变形为 ε_1 ，20 钢变形为 ε_2 。巴氏合金变形伸长量为 Δ_1 ，对复合材料形变起促进作用；20 钢变形缩短量为 Δ_2 ，对复合材料变形起抑制作用。根据应力-应变公式与几何关系得到以下方程组：

$$\begin{cases} \varepsilon_i = \sigma/E_i \quad (i = 1, 2) \\ \varepsilon = \sigma/E \\ \varepsilon_1 - \Delta_1 = \varepsilon \\ \Delta_1 + \Delta_2 = \varepsilon_1 - \varepsilon_2 \end{cases} \tag{7-2}$$

求解方程组（7-2）得到：

$$\frac{1}{E} = \frac{\Delta_1}{\Delta_1 + \Delta_2} \cdot \frac{1}{E_2} + \left(1 - \frac{\Delta_1}{\Delta_1 + \Delta_2}\right) \cdot \frac{1}{E_1} \tag{7-3}$$

定义巴氏合金影响因子 λ 为：

$$\lambda = \frac{\Delta_1}{\Delta_1 + \Delta_2} \tag{7-4}$$

将式（7-4）代入式（7-3），得到巴氏合金影响因子计算式（7-1）。

（2）设复合材料截面面积为 A ，其中巴氏合金面积为 A_1 ，如图 7-2 所示。

设定巴氏合金比重 $\xi = A_1/A$ ，巴氏合金影响因子 λ 关于巴氏合金比重 ξ 的数学模型为：

$$\lambda_i = f(\xi_i) \tag{7-5}$$

式中，ξ_i 为不同巴氏合金比重取值，取值范围：$0 \leqslant \xi_i \leqslant 1$ ；λ_i 为 ξ_i 的对应值。

试验设计两组试件，两组试件区别为中间有无一层镀锡工艺处理。

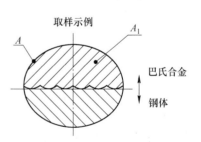

图 7-2 巴氏合金比重示意图

（3）巴氏合金影响因子推导过程的出发角度是纵应变，即轴向应变。考虑材料的各向同性，理论上从横应变角度推导出的巴氏合金影响因子应该一样。为相互印证，以下给出另一种推导形式。

设复合材料横变形为 ε' ，巴氏合金变形为 ε_1' ，20 钢变形为 ε_2' 。巴氏合金变形伸长量为 Δ_1' 对复合材料变形起促进作用；20 钢变形缩短量为 Δ_2' ，对复合材料变形起抑制作用。根据应力-应变公式与几何关系，同理得到以下等式：

$$\frac{\varepsilon'}{\varepsilon} = \left(1 - \frac{\Delta_1'}{\Delta_1' + \Delta_2'}\right) \cdot \frac{\varepsilon_1'}{\varepsilon} + \frac{\Delta_1'}{\Delta_1' + \Delta_2'} \cdot \frac{\varepsilon_2'}{\varepsilon} \tag{7-6}$$

假设定义横向巴氏合金影响因子为 λ'：

$$\lambda' = \frac{\Delta_1'}{\Delta_1' + \Delta_2'} \tag{7-7}$$

将式（7-7）代入式（7-6）得到：

$$\mu = \frac{(1 - \lambda')\varepsilon_1' + \lambda'\varepsilon_2'}{\varepsilon} \tag{7-8}$$

式中，μ 为复合材料泊松比，$\mu = \dfrac{\varepsilon'}{\varepsilon}$。

联立式（7-2）和式（7-4）得到：

$$\varepsilon = (1 - \lambda)\varepsilon_1 + \lambda\varepsilon_2 \tag{7-9}$$

将式（7-9）代入式（7-8），同时等式右端分成两部分，分子分母各除以 ε_1、ε_2，得到：

$$\mu = \frac{(1 - \lambda')\mu_1}{(1 - \lambda) + \lambda\dfrac{\varepsilon_2}{\varepsilon_1}} + \frac{\lambda'\mu_2}{(1 - \lambda)\dfrac{\varepsilon_1}{\varepsilon_2} + \lambda} \tag{7-10}$$

式中，μ_1 为巴氏合金泊松比，目前暂无查到相关数据；μ_2 为 20 钢泊松比，取值为 0.281。

将式（7-10）中应变比值替换成弹性模量之比，得到如下等式：

$$\mu = \frac{(1 - \lambda')\mu_1}{(1 - \lambda) + \lambda\dfrac{E_2}{E_1}} + \frac{\lambda'\mu_2}{(1 - \lambda)\dfrac{E_1}{E_2} + \lambda} \tag{7-11}$$

式（7-11）为巴氏合金影响因子 λ 的验证关系式，理论上 $\lambda = \lambda'$。由于函数 λ 关于巴氏合金比重 ξ 的解析式是由试验数据确定，且试验过程中不可避免地存在设备系统误差、数据观测误差等，因此，同时测试复合材料弹性模量和相应泊松比，从而得到一个修正系数 c，即：

$$\lambda' = c\lambda \tag{7-12}$$

7.2　试验方案

7.2.1　试验内容

（1）巴氏合金弹性模量 E_1 和泊松比 μ_1；

（2）不同巴氏合金比重 ξ_i 对应的复合材料弹性模量 E_i。

7.2.2　试验方法

静态法是指在试样上施加一恒定弯曲应力，测定其弹性弯曲挠度，或是在试样上施加一恒定拉伸（或压缩）应力，测定其弹性变形量；根据应力与应变计算弹性模量。其优点是可得到材料的真实变形量与应力-应变曲线；缺点是试样用量大，不能重复测定。

7.2.3 试验材料与设备

7.2.3.1 试样与尺寸

圆形和矩形拉伸试样按 GB/T 228—2002 附录 A、附录 B 和附录 C 规定，试样夹持与平行段间的过渡部分半径应尽量大，试样平行长度应至少超过标距长度加上两倍的试样直径或宽度。参考比例试样如图 7-3 所示，圆形试件用于复合材料的制作样本，矩形试件用于巴氏合金的制作样本。

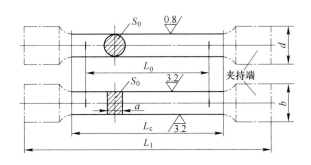

图 7-3　比例试样示意图

7.2.3.2 试样尺寸测量

测量试样原始截面尺寸的量具应满足 GB/T 228 要求。

圆形试样应在标距两端及中间三个位置，沿两个相互垂直方向测量直径，以其算术平均值计算各横截面面积。将三处测得横截面面积的算术平均值作为试样原始横截面面积并至少保留 4 位有效数字。

矩形试样应在标距两端及中间处测量厚度和宽度，取三处测得横截面面积算术平均值作为试样原始横截面面积并至少保留 4 位有效数字。

7.2.4 具体测试方法

7.2.4.1 巴氏合金弹性模量 E_1 和泊松比 μ_1 测试方法

试验试样为两块外形尺寸相似的巴氏合金材料，一块作为补偿块，其横截面为矩形截面，预计共 4 块测试件。

首先，沿试件长度和厚度方向分别贴一枚应变片，在补偿块长度方向也贴一枚应变片，应变片分别用导线连到静态电阻应变仪。其次，安装试样，按半桥接线法组成测量电桥，同时将应变仪预调平衡。再次，对试件进行纵向拉伸，试件线弹性范围内等量加载。加载过程中，通过数字测力仪，对应每个载荷 P_i，测出相应应变 ε_i。测定泊松比 μ，利用静态电阻应变仪同时多点测量的功能，在某个给定载荷 P_i 作用下，可同时测出纵向应变 ε_i 和横向应变 ε_i'。

7.2.4.2　复合材料弹性模量 E_i 测试方法

试验试样为圆形试样，所用测量工具为引伸计。测量试样轴向变形时，使用能测量试样相对两侧平均变形的轴向均值引伸计，或试样相对两侧分别固定两个轴向引伸计；测量试样横向变形时，横向引伸计装卡在试样标距范围内的直径上。

7.2.5　数据处理

弹性模量一般保留 3 位有效数字，泊松比一般保留 2 位有效数字，修约方法按 GB/T 8170 执行。

试验时，在弹性范围内，记录轴向力与相应的横向变形和轴向变形的一组数据对。数据对的数目一般不少于 8 对。用最小二乘法拟合各数据对得到轴向应力-轴向应变直线，拟合直线斜率即为弹性模量 E。拟合数据对得到横向应变-轴向应变曲线，拟合直线斜率即为泊松比 μ。

$$E = \frac{\sum (e_i S_i) - k \overline{e}\,\overline{S}}{\sum e_i^2 - k \overline{e}^2} = \frac{\sum (\varepsilon_i S_i) - k \overline{\varepsilon}\,\overline{S}}{\sum \varepsilon_i^2 - k \overline{\varepsilon}^2} \tag{7-13}$$

式中，ε_i 为轴向应变；$\overline{\varepsilon}$ 为轴向应变均值，$\overline{\varepsilon} = \dfrac{\sum \varepsilon_i}{k}$；$S_i$ 为轴向应力，$S_i = \dfrac{P_i}{A_0}$，A_0 为横截面面积；$\overline{S}$ 为轴向应力均值，$\overline{S} = \dfrac{\sum S_i}{k}$。

计算拟合直线变异系数 ν，其值在 2% 以内，所得弹性模量有效。计算公式为：

$$\nu = \sqrt{\left(\frac{1}{\gamma^2} - 1\right)(k-2)} \times 100\% \tag{7-14}$$

式中，γ 为相关系数，$\gamma = \left(\sum \varepsilon_i S_i - \dfrac{\sum \varepsilon_i \sum S_i}{k}\right)^2 \Big/ \left\{\left[\sum \varepsilon_i^2 - \dfrac{(\sum \varepsilon_i)^2}{k}\right] \cdot \left[\sum S_i^2 - \dfrac{(\sum S_i)^2}{k}\right]\right\}$。

$$\mu = \frac{\sum (\varepsilon_i \varepsilon_i') - k\overline{\varepsilon}\ \overline{\varepsilon}'}{\sum \varepsilon_i^2 - k\varepsilon^2} \tag{7-15}$$

式中，ε_i' 为横向应变；$\overline{\varepsilon}'$ 为横向应变均值，$\overline{\varepsilon}' = \dfrac{\sum \varepsilon_i'}{k}$。

参照式（7-14）计算拟合直线变异系数 ν'，其值在 2% 以内，所得泊松比有效。

7.3　试样加工与试验数据

7.3.1　钢套与喷涂丝材成分

钢套材料为 900℃ 退火后的 20 锻钢，其化学成分如表 7-1 所示。

表 7-1　20 锻钢的化学成分（质量分数）[34]

元　素	Fe	C	Si	Mn	S	P	Cr	Cu	Ni
含量/%	余	0.17~0.24	0.17~0.37	0.35~0.65	≤0.035	≤0.035	≤0.25	≤0.25	≤0.25

巴氏合金层制备采用电弧喷涂技术，基体金属材料即钢套材料，使用的喷涂丝材为 ZSnSb11Cu6 巴氏合金，直径为 $\phi3.2mm$，其化学成分如表 7-2 所示。

表 7-2　丝材的化学成分（质量分数）

元　素	Sn	Sb	Cu	Pb	As	Bi
含量/%	余	11.21	5.85	0.35	0.05	0.05

电弧喷涂设备采用苏尔寿-美科（Sulzer Metco）公司生产的 FLEXI ARC 300 型电弧喷涂设备。FLEXI ARC 300 型电弧喷涂设备为成套设备，由电源箱、送丝机构、送丝软管、喷涂枪和送丝盘等组成，用户只需配备一台空气压缩机即可使用该设备。

7.3.2　试样机加工与后处理工艺

7.3.2.1　试样加工图纸

如图 7-4 所示，上部试件是复合材料（不同巴氏合金比重）试件，试件规格见表 7-3。下部试件是巴氏合金块（矩形试样）。

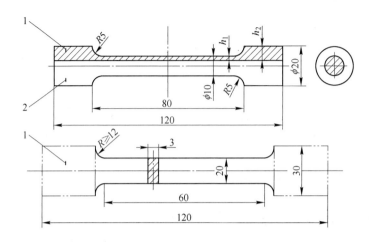

图 7-4 试样加工图纸

1—巴氏合金；2—20 钢

表 7-3 试件规格

试 件	序 号	h_1/mm	h_2/mm	数 量
复合材料	1	1.83	6.83	挂锡不挂锡各 1 块
	2	2.98	7.98	挂锡不挂锡各 1 块
	3	5	10	挂锡不挂锡各 1 块
	4	7.02	12.02	挂锡不挂锡各 1 块
	5	8.17	13.17	挂锡不挂锡各 1 块
巴氏合金	—	—	—	4

7.3.2.2 试样加工设备

主要介绍矩形试件加工设备，所用设备为 DK7625P 低速走丝电火花线切割机。巴氏合金材料属性较软，坯件先切割成片状，再机械加工。若铣床加工，表面粗糙度难以保证，同时不能完全保证尺寸形状；磨床可以保证表面粗糙度，但巴氏合金材料硬度低，容易吃砂轮，需要配备专门夹具；选择低速走丝电火花线切割机，既能一次成型，又可直接保证试件表面粗糙度。

7.3.2.3 试样加工过程与后处理工艺

图 7-5 所示为矩形试样加工过程与成品。加工完成的成品表面略显暗淡，需用细纱布轻微打磨，但不可太过用力，因为巴氏合金硬度低、镶嵌性好，同时应变片粘贴表面不可太光，因此适度打磨，出现微微亮即可。

  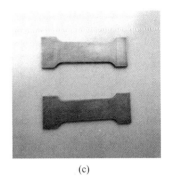

(a) (b) (c)

图 7-5 矩形试样加工过程与成品
(a) 加工控制界面；(b) 加工过程；(c) 试样成品

图 7-6 所示为复合材料试样成品。试样分两组，一组中间挂锡，另一组中间不挂锡。各组由 5 根圆形试样组成，按照巴氏合金比重划分，巴氏合金比重取值：$\xi \in \left\{ \dfrac{1}{8}, \dfrac{1}{4}, \dfrac{1}{2}, \dfrac{3}{4}, \dfrac{7}{8} \right\}$，试样标距内直径公差为 $\pm 0.02\text{mm}$，表面粗糙度 R_a 为 $1.6\mu\text{m}$。试样在车床上加工结束，表面粗糙度基本可以满足要求，但需要彻底清洗并烘干（清洗液用酒精），同时贴上标签以区分。

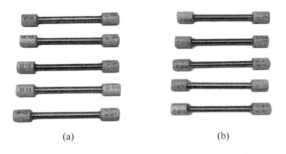

(a) (b)

图 7-6 复合材料试样成品
(a) 挂锡试件；(b) 不挂锡试件

7.3.3 应变片选择与粘贴

7.3.3.1 应变片选择

电阻应变片选用中航电测仪器股份有限公司生产的电阻应变计贴片，型号为 BX120-10AA，自带 20cm 绝缘导线，可测试复合材料应变，如图 7-7（a）所示。自带导线和测试用长导线采用压接方式连接，试验过程无需任何焊接，可取代日本及欧美同类产品。配套静态应变测试仪型号为 DH3818（江苏东华测试技术有限公司制造），此试验只选用其数据采集箱，可手动、准确、可靠、快速测量静态应变，如图 7-7（b）所示。测试仪具有自动平衡功能，内置标准电阻，可方便实现全桥、半桥与 1/4 桥（公用补偿片）连接，本试验采用半桥接法，如图 7-7（c）所示。

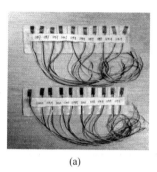
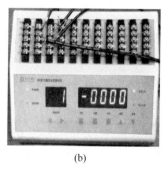
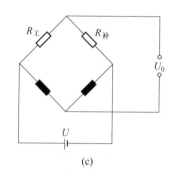

(a)　　　　　　　　　　(b)　　　　　　　　　　(c)

图 7-7　测试用仪器设备及桥路连接方式
（a）应变片实物；（b）静态应变仪；（c）半桥接法

7.3.3.2　应变片粘贴

使用酒精棉球或丙酮液体反复擦洗试件表面粘贴处，直到棉球无墨迹为止。粘贴位置划好标记，应变片基底上轻轻涂抹均匀 AB 胶（1：1 混合），随后将应变片立即放置于应变贴片位置，再用塑料薄膜覆在应变片上，压挤排出气泡，否则影响测量结果准确性。

应变片和长导线焊接，接头用绝缘胶带包裹（长导线可以连接应变片自带导线与应变仪）。最后，将硅橡胶覆于应变片上，起保护作用，防止其受潮。

7.3.3.3　应变片参数与注意事项

应变片参数见表 7-4。注意事项如下：

（1）焊接导线不能用力扯拽，否则容易造成焊点脱落。

（2）塑料薄膜覆盖在应变片上，压挤导线焊点不可用力过猛。

（3）应变片粘贴完毕，应变片根部首先用绝缘胶带固定，防止后期操作用力，引起导线脱落。

（4）应变片与试件间绝缘组织的电阻值应大于 500MΩ，两端导线的末端电阻应等于应变片阻值（120Ω）。

表 7-4 中灵敏系数为 2.08，连接到静态应变仪时需要修正灵敏度系数：

$$\varepsilon = \frac{2}{K_i}\varepsilon_i \qquad (7-16)$$

式中，ε_i 为测量应变量；K_i 为应变计灵敏度系数，$K_i = 2.08$；ε 为实际应变量。

因此，修正系数 K_i' 为：

$$K_i' = \frac{2}{K_i} = \frac{2}{2.08} = 0.9615 \tag{7-17}$$

表 7-4 应变片参数

型　号	BX120-10AA	材　料	聚合物	种　类	应变片
加工定制	否	材料物理性质	绝缘体	精密等级	A
线性度	0.1（%F.S.）	制造工艺	集成	输出信号	模拟型
电阻值	120Ω±0.3Ω		灵敏系数	2.08±1%	
基底尺寸	14.5mm×4.5mm（长×宽）		批号	0810.01F08Z4E	
敏感栅尺寸	10mm×2mm（栅长×栅宽）				
自带绝缘导线长度	20cm，导线最长可定制到2m				

7.3.4　试验测试数据采集

7.3.4.1　Q235 弹性模量与泊松比测试

测试巴氏合金弹性模量与泊松比前，首先测试 Q235 钢试件试验性，以便于考量或修正仪器设备、系统误差等。数据测试过程如图 7-8 所示。工程实践中，Q235 弹性模量极限取值为 200GPa，试件直径为 ϕ10mm，因此，数据采集范围为 0~20kN 每隔 2kN 读数一次，1 号通道为横应变，2 号通道为纵应变，单位为 $\mu\varepsilon$。

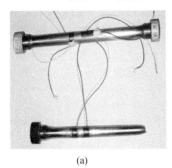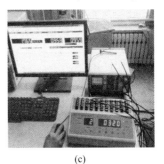

(a)　　　　　　　　　　(b)　　　　　　　　　　(c)

图 7-8　Q235 力学性能测试过程

（a）Q235 试件；（b）试件装夹；（c）数据采集

测试数据见表 7-5，表中已计算得到逐差数据及其平均值。

Q235 钢弹性模量 E_{Q235} 和泊松比 μ_{Q235} 计算公式为：

$$E_{Q235} = \frac{\Delta P}{A\overline{\varepsilon}} \tag{7-18}$$

式中，ΔP 为逐差载荷，N；A 为横截面面积，mm^2；$\overline{\varepsilon}$ 为纵向应变平均值，$\mu\varepsilon$。

$$\mu_{Q235} = -\frac{\overline{\varepsilon}'}{\overline{\varepsilon}} \tag{7-19}$$

式中，$\overline{\varepsilon}'$ 为横向应变平均值，$\mu\varepsilon$。

表 7-5　Q235 测试数据

试　样	Q235 圆形试样			逐差载荷 $\Delta P = 2kN$				横截面面积 $A = 78.54mm^2$		
载荷/kN	2	4	6	8	10	12	14	16	18	20
横应变 $\overline{\varepsilon}'$	92	143	185	225	264	305	344	384	423	462
(−)	—	(51)	42	40	40	41	39	40	40	39
均值	40									
纵应变 $\overline{\varepsilon}$	307	476	607	738	864	990	1116	1243	1371	1498
(+)	—	(169)	131	130	127	126	126	128	128	127
均值	128									

注：表中带括号数据去掉，原因是初试数据不稳定，需去掉不稳定因素。

根据常用工程材料属性，Q235 钢弹性模量和泊松比见表 7-6。由表 7-6 可知，计算相对误差均在 5%范围内，应变电测法测得数据有效。

表 7-6　Q235 实际值与求解值对比

项　目	实际值	求解值	相对误差/%
弹性模量 E_{Q235} /GPa	200	198.94	0.5
泊松比 μ_{Q235}	0.32	0.3125	2.34

7.3.4.2　ZSnSb11Cu6 弹性模量与泊松比测试

巴氏合金 ZSnSb11Cu6 数据测试过程如图 7-9 所示。查阅相关资料[35]，ZSnSb11Cu6 的屈服强度 $\sigma_{0.2}$ 为 66MPa，试件为矩形试样，宽 20mm，厚 3mm，标距 60mm。因此，数据采集范围为 0~3.6kN，每隔 0.2kN 读数一次，1 号通道为横应变，2 号通道为纵应变，单位为 $\mu\varepsilon$。

1 号试件用于试验前的评估测试，大致了解力学性能，现已将其拉断，拉断压力为 3.875kN，断口呈现极大脆性，无明显颈缩现象，如图 7-10 所示。计算屈服时压力为 3.960kN，相对误差为 2.15%，评估测试基本吻合。拉伸过程中应力存在波动，可能夹头端打滑，要求对其他试件测试时一定要保持夹头端稳定。

选择列出 3 号试件测试数据，见表 7-7。从表 7-7 中可知，数据差值较稳定，仅在初始采集点位置变化较大，原因是拉伸试验设备对初始加载值反应不够灵敏。数据粗化处理将剔除这部分数据，即表中带括号数据。

(a)

(b)

(c)

图 7-9 ZSnSb11Cu6 力学性能测试过程

（a）ZSnSb11Cu6 试件；（b）试件装夹；（c）数据采集

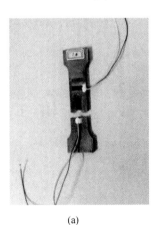
(a)

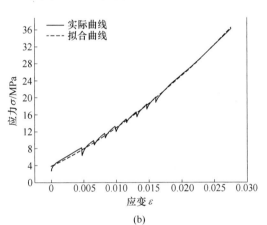
(b)

图 7-10 试件 1 评估测试

（a）试件拉断实物图；（b）拉伸过程记录曲线

表 7-7 试件 3 测试数据

试　样	矩形试件 3			逐差载荷 0.2kN				横截面面积 60mm²			
载荷/kN	0.2	0.4	0.6	0.8	1.0	1.2	1.4	1.6	1.8	2.0	
横应变		9	20	38	56	62	81	100	123	143	162
（−）		—	(11)	18	18	18	19	19	22	20	19
均值					19						
纵应变		134	230	301	369	439	510	579	648	719	790
（＋）		—	(96)	71	68	70	70	69	69	71	71
均值					69.8						

7.3.4.3 复合材料弹性模量测试

复合材料试件数据测试过程如图 7-11 所示。通过测试 Q235 试件和巴氏合金 ZSnSb11Cu6 试件，应变电测法测试方法已近乎成熟，继续采用此方法完成复合材料弹性模量和泊松比的测试。由于测试 10 根试件时间太长，且可能遇到未知问题，故此次测试选用引伸计与电脑 PC-Control 相连接，将数据直接存储于拉伸测试软件。选用引伸计（已有试验仪器）标距为 50mm，因此，不能同时测试横应变，暂且只测试弹性模量。手动数据采集范围为 0~20kN（或 0~6kN），每隔 2kN（或 0.5kN）读数一次，既能监控加载过程，又能根据逐差法初步估算数据稳定与否。

(a)　　　　　　　　　　　(b)　　　　　　　　　　　(c)

图 7-11　复合材料杨氏模量测试过程
（a）试件与引伸计装夹；（b）数据存储；（c）加载界面

复合材料弹性模量试验测试数据见表 7-8。

表 7-8　复合材料试件测试数据

试件		载荷/kN										横截面面积/mm²
		2	4	6	8	10	12	14	16	18	20	
		3	4	5	6	7	8	9	10	11	12	
		1	1.5	2	2.5	3	3.5	4	4.5	5	5.5	
挂锡	1	0.020	0.029	0.037	0.046	0.057	0.061	0.068	0.075	0.082	0.090	78.38
	2	0.015	0.026	0.035	0.042	0.048	0.054	0.060	0.068	0.075	0.085	77.60
	3	0.027	0.032	0.038	0.045	0.053	0.061	0.070	0.079	0.087	0.096	78.54
	4	0.006	0.009	0.012	0.015	0.019	0.022	0.025	0.028	0.032	0.036	77.91
	5	0.015	0.020	0.026	0.030	0.035	0.041	0.046	0.051	0.057	0.063	77.91

续表 7-8

试件		载荷/kN										横截面面积 /mm²
		2	4	6	8	10	12	14	16	18	20	
		3	4	5	6	7	8	9	10	11	12	
		1	1.5	2	2.5	3	3.5	4	4.5	5	5.5	
不挂锡	1	0.004	0.007	0.012	0.018	0.023	0.030	0.035	0.041	0.047	0.053	77.44
	2	0.016	0.023	0.031	0.039	0.047	0.056	0.065	0.075	0.083	0.093	77.13
	3	0.024	0.029	0.033	0.036	0.040	0.046	0.052	0.059	0.067	0.075	77.91
	4	0.007	0.010	0.013	0.017	0.022	0.027	0.032	0.037	0.044	0.052	77.29
	5	0.019	0.024	0.030	0.035	0.041	0.047	0.052	0.059	0.065	0.075	74.66

注：1. 试件编号为 1、2 的测试施加载荷间距为 2kN；试件编号为 4、5 的间距为 0.5kN，均去掉初始载荷 0.5kN 采集的数据，原因在于载荷变化较小时，初始数据不稳定性明显；试件编号为 3 的测试施加载荷间距为 1kN，取值范围为 1~14kN，去掉初始及末尾两组数据，取中间作为可用数据。

2. 每组数据载荷施加区间不一定相同，原因在于随巴氏合金比重的增加，复合材料弹性模量会发生明显变化，数据选取依赖于万能试验机界面的可视化应力-应变曲线。

3. 每组数据至少测试两次，表中数据选取其中最稳定一组。

7.4 结果分析

7.4.1 ZSnSb11Cu6 的弹性模量与泊松比

利用差值法计算表 7-6 中数据。试件 3 弹性模量 $E^3_{babbitt11-6} = \dfrac{\Delta P}{A\varepsilon} = 47.76\text{GPa}$，泊松比 $\mu^3_{babbitt11-6} = 0.2722$。对试件 2、4 数据进行处理，求其平均值作为 ZSnSb11Cu6 弹性模量 $\overline{E}$ 及泊松比 $\overline{\mu}$ 的测试结果，则 $\overline{E} = \dfrac{\sum E^i_{babbitt11-6}}{3} = 47.93\text{GPa}$，$\overline{\mu} = \dfrac{\sum \mu^i_{babbitt11-6}}{3} = 0.2847$。其中 $i = 1, 2, 3$。

根据式（7-13），利用数据拟合求其斜率，斜率的倒数是弹性模量，即应变-载荷曲线，如图 7-12（a）所示。图 7-12（b）为线性拟合的应力-应变曲线。

由图 7-12（a）可以看出，三条直线几乎接近平行，虽然斜率值存在差异，但足以说明测试方法的正确性。图 7-12（b）是巴氏合金弹性模量测试的应力-应变曲线，由拟合直线可以得到斜率即是巴氏合金弹性模量，只是截距存在差异，原因在于拉伸试验机加载时，峰值清零等操作存在系统误差，但不影响弹性

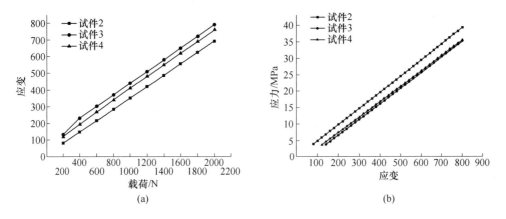

图 7-12　数据拟合曲线

（a）应变-载荷曲线；（b）线性拟合应力-应变曲线

模量测试值，因此，试验中差值法的数据处理方法便于代数计算，本章式（7-13）和式（7-15）的处理方法，则更适合结合图形反映数据间变化趋势。经计算，图 7-12 拟合直线变异系数 $\nu = 0.925\% < 2\%$，所得弹性模量有效。

7.4.2　复合材料弹性模量

结合表 7-7 中数据计算复合材料弹性模量。计算结果见表 7-9。

表 7-9　复合材料弹性模量计算值

试　件		$l = 50$mm			
		$\Delta F/\text{kN}$	A/mm^2	$\Delta l/\text{mm}$	E/GPa
挂锡	1	2	78.38	0.007778	164.03
	2	2	77.6	0.007777	165.70
	3	1	78.54	0.007667	83.03
	4	0.5	77.91	0.003333	96.27
	5	0.5	77.91	0.005333	60.17
不挂锡	1	2.0	77.44	0.005444	237.20
	2	2.0	77.13	0.008556	151.53
	3	1.0	77.91	0.005667	113.25
	4	0.5	77.29	0.005	64.69
	5	0.5	74.66	0.006222	53.82

注：1. ΔF 为差值载荷；l 为引伸计算距；Δl 为差值变形均值。

　　2. 表中所有计算值均保留 4 位有效数字。

根据最小二乘曲线拟合方法，利用 MATLAB 软件曲线拟合复合材料弹性模量 E 关于巴氏合金比重 ξ 的数学关系，如图 7-13 所示。

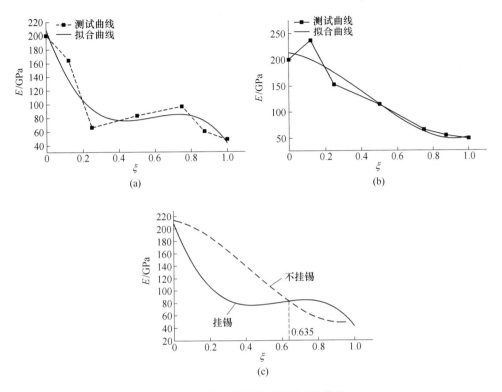

图 7-13　复合材料弹性模量变化曲线

（a）挂锡复合材料曲线；（b）不挂锡复合材料曲线；（c）有无挂锡两种复合材料对比分析

图 7-13 采用三次多项式对数据拟合。有无挂锡的复合材料，其弹性模量与巴氏合金比重 ξ 关系式为：

$$\begin{cases} E^1 = 209.07 - 760\xi + 1388.4\xi^2 - 795\xi^3 \\ E^2 = 213.85 - 54\xi - 470.43\xi^2 + 362\xi^3 \end{cases} \quad (7\text{-}20)$$

式中，E^1、E^2 分别为挂锡、不挂锡复合材料弹性模量；ξ 为巴氏合金比重。

分析图 7-13（c）可得，挂锡复合材料弹性模量与不挂锡复合材料弹性模量在 $\xi = 0.635$ 时相等；$0 < \xi < 0.635$ 时，$E^1 < E^2$，说明挂锡处理使得复合材料弹性模量变小，一定载荷作用，容易产生变形；$0.635 < \xi < 1$ 时，$E^1 > E^2$，说明挂锡处理可以提高复合材料弹性模量，刚性增强。同时，图形明显反映 $\xi = 0.635$ 是各自函数关系的拐点，二阶导数为零。

7.4.3　影响因子曲线

根据表 7-8 和公式（7-1）求解巴氏合金影响因子 λ 关于巴氏合金比重 ξ 的函数关系，求解结果如表 7-10 所示，并绘制曲线图，如图 7-14 所示。

表 7-10　巴氏合金影响因子计算值

影响因子	挂锡时比重 ξ					不挂锡时比重 ξ				
	0.125	0.25	0.5	0.75	0.875	0.125	0.25	0.5	0.75	0.875
λ	0.9221	0.9260	0.5507	0.6542	0.2648	1.0396	0.8907	0.7514	0.3374	0.1423

注：1. 20 钢弹性模量取为 206GPa。

　　2. 表中所有计算结果均保留 4 位有效数字。

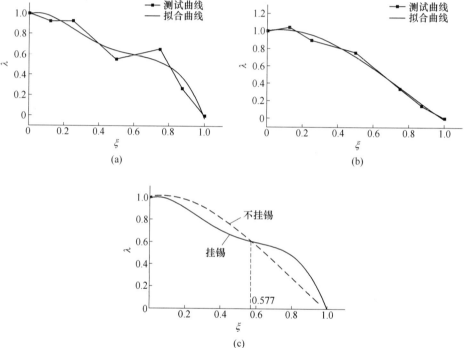

图 7-14　巴氏合金影响因子变化曲线

（a）挂锡巴氏合金影响因子曲线；（b）不挂锡巴氏合金影响因子曲线；（c）有无挂锡巴氏合金影响因子对比分析

　　图 7-14 采用多项式拟合离散数据，对比发现：挂锡巴氏合金影响因子曲线用四次多项式拟合，不挂锡巴氏合金影响因子曲线用三次多项式拟合，将最佳逼近所测试数据变化趋势与测试计算值。拟合曲线多项式如下：

$$\begin{cases} \lambda^1 = 0.99 + 0.571\xi - 7.495\xi^2 + 13.8\xi^3 - 7.899\xi^4 \\ \lambda^2 = 1.002 + 0.306\xi - 2.306\xi^2 + 0.982\xi^3 \end{cases} \qquad (7-21)$$

式中，λ^1、λ^2 分别为挂锡、不挂锡巴氏合金影响因子；ξ 为巴氏合金比重。

　　分析图 7-14（c）可知，挂锡巴氏合金影响因子与不挂锡巴氏合金影响因子在 $\xi = 0.577$ 时相等；$0 < \xi < 0.577$ 时，$\lambda^1 < \lambda^2$，而 $0.577 < \xi < 1$ 时，$\lambda^1 > \lambda^2$，说明挂锡处理对巴氏合金影响因子的影响并非单调一致，对变形的贡献既表现抑制，又表现促进。挂锡曲线与不挂锡曲线相比，其二阶导数存在拐点，变化率波动比较明显。

不同巴氏合金比重实际反映不同巴氏合金层厚度，通过研究巴氏合金影响因子可以得出如下结论：

（1）有无挂锡处理对巴氏合金与钢套的结合强度有一定影响，主要表现为受力变形与复合材料弹性模量大小两方面，但挂锡处理对其影响不单调一致。

（2）巴氏合金层厚度并非越厚越好，也不是越薄越好。从巴氏合金影响因子定义出发，合金越厚，复合材料越体现巴氏合金力学性能，但 λ 却越小，即钢套抑制变形大于巴氏合金促进变形；反之，合金越薄，复合材料越体现钢体力学性能。也就是说，巴氏合金层存在最佳厚度，可以使两者结合达到一种平衡，实现最佳结合性能。

8　结合界面镀锡层最佳厚度试验研究

由于锡基巴氏合金通常覆盖于钢基体或铸铁基体表面，巴氏合金层与基体金属的结合强度尤为重要。本章以核电用轴瓦为研究对象，生产工艺采用离心浇铸，过渡层为钢套与巴氏合金层间的镀锡层，针对镀锡层最佳厚度，分析影响镀锡层厚度的诸多因素，设计多因素水平正交试验，得到镀锡层厚度关于影响因素的函数关系式；获得钢体、镀锡层、巴氏合金层的最佳厚度比例，根据实际轴瓦尺寸及之前的镀锡层厚度关系式确定镀锡层最佳厚度；最后开展实际产品抗拉结合强度试验，验证镀锡层最佳厚度是否对应最大结合强度。研究内容具有明显的适用性，可直接指导使用喷涂工艺对磨损衬套工件进行修复的工作。

8.1　试验设计

实践表明：巴氏合金与钢套表面使用过渡层后抗拉结合强度提高大约50%（如图8-1所示），但是过渡层过厚会降低巴氏合金层抗拉结合强度。有必要通过试验研究，探索过渡层最佳厚度[36]。

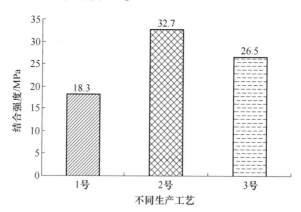

图 8-1　结合强度试验结果

1号—铸铁表面+巴氏合金涂层；2号—铸铁表面+ Ni–Al 过渡层+巴氏合金涂层；
3号—铸造巴氏合金面+Ni–Al 过渡层+巴氏合金涂层

8.1.1　试验目的

镀锡层在钢壳（低碳钢）与内衬（巴氏合金）结合性方面发挥着至关重要

的作用，镀锡层使钢套与合金层间不会因成分突变而造成过大的应力集中。但镀锡层硬而脆，过厚会降低合金与钢套结合强度。为得到镀锡层最佳厚度，需进行多因素、多水平试验研究。

8.1.2　试验安排

镀锡层厚度与诸多因素有关，如钢套内表面粗糙度、镀锡温度、镀锡时间、搪锡次数、工人技能等。经分析，确定从粗糙度、镀锡温度、镀锡时间、搪锡次数四个因素对镀锡厚度进行研究。

设定四个因素依次为 A、B、C、D，各因素均取三个水平，如果采用全面试验法，即每个因素的各个水平的所有组合都做试验，则试验次数需要 $3^4 = 81$ 次，为便于计算，将自变量（因素）取等间隔数值（根据实际经验需修正），设计正交试验法。

为全面反映实际情况，试验安排必须满足任意两因素间的不同水平各组合一次。四因素三水平如表 8-1 所示。

表 8-1　四因素三水平

三水平 ＼ 四因素	$A/\mu m$	$B/℃$	C/min	$D/次$
X_1	12.5	250	10	1
X_2	6.3	280	20	2
X_3	3.2	320	30	3

注：1. 生产过程已经过实践，$R_a = 0.5\mu m$ 对轴瓦结合强度影响很大，易造成脱壳现象，故修正 X_3 为 3.2。

2. 搪锡温度设计考虑锡液被氧化程度，属经验值。

3. 搪锡时间要求，生产过程采用浸泡式，瓦坯厚，至少浸泡 10min。

先考虑 A、B 两因素，需 9 次全面试验；再考虑因素 C，若要求反映情况比较全面，则任意两因素间的不同水平须各组合一次，在此条件下，可以满足试验次数不增加。试验安排如表 8-2 所示，试验设计简化为表 8-3。最后考虑 D 因素。同理，不同因素的不同水平各组合一次，既要无重复，又无遗漏，试验安排如表 8-4 所示。

表 8-2　三因素三水平均衡搭配试验

A ＼ C ＼ B	B_1	B_2	B_3
A_1	$A_1B_1C_1$	$A_1B_2C_2$	$A_1B_3C_3$
A_2	$A_2B_1C_2$	$A_2B_2C_3$	$A_2B_3C_1$
A_3	$A_3B_1C_3$	$A_3B_2C_1$	$A_3B_3C_2$

表8-3　三因素三水平均衡搭配试验简化

A＼C＼B	1	2	3
1	1	2	3
2	2	3	1
3	3	1	2

表8-4　四因素三水平均衡搭配试验

A＼C＼B	1	2	3
1	1 (1)	2 (2)	3 (3)
2	2 (3)	3 (1)	1 (2)
3	3 (2)	1 (3)	2 (1)

D 的三个水平和 A、B 是均匀搭配，D 和 C 也是均匀搭配，D 的每个水平和 C 的三个水平各组合一次，如此设计，9 次试验就能很好地表征 $3^4 = 81$ 次试验。将表 8-4 所示试验安排列成表格形式，如表 8-5 所示。

表8-5　镀锡层厚度试验安排

试验号＼因素	A	B	C	D
1	1	1	1	1
2	1	2	2	2
3	1	3	3	3
4	2	1	2	3
5	2	2	3	1
6	2	3	1	2
7	3	1	3	2
8	3	2	1	3
9	3	3	2	1

8.1.3　试验材料与设备

主机瓦坯材质：30 钢。

镀锡厚度测试仪器：漆膜厚度仪（型号为 OU3500F），如图 8-2（a）所示。

结合强度测试仪器：日产岛津 AG-IC 100kN 电子万能试验机，如图 8-2（b）所示。

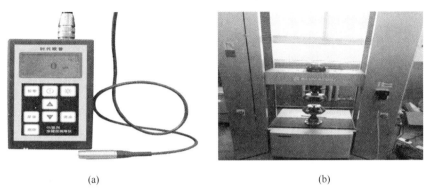

(a)　　　　　　　　　　　　　　　　　　　(b)

图 8-2　试验测试仪器

(a) 漆膜厚度仪；(b) 压缩试验装置

8.1.4　试验方法

试验方法参照 GB 1764—79《漆膜厚度测定法》。

磁性测厚方法可无损测量磁性金属基体（如钢、铁、合金和硬磁性钢等）上非磁性覆盖层厚度（如铝、铬、铜、珐琅、橡胶、油漆等）。以下为测量步骤：

（1）调零：取出探头并插入仪器插座。将已打磨基体表面擦洗干净并把探头放在基体上，按下电钮，再按下磁芯，磁芯跳开时，如指针不在零位，应旋动调零电位器，使指针回到零位，需重复数次，如无法调零，需更换电池。

（2）校正：取标准厚度片放在调零用基体上，再将探头放在标准厚度片上，按下电钮，再按下磁芯，待磁芯跳开后旋转标准钮，使指针回到标准片厚度值上，需要重复数次。

（3）测量：取距试样边缘不少于 1cm 的上、中、下三个位置测量。将探头放在样板上，按下电钮，再按下磁芯，使之与被测漆膜完全吸合，此时指针缓慢下降，待磁芯跳开表针稳定时，即可读出漆膜厚度值。瓦坯的取点布置如图 8-3 所示。取各点厚度的算术平均值为漆膜的厚度平均值。

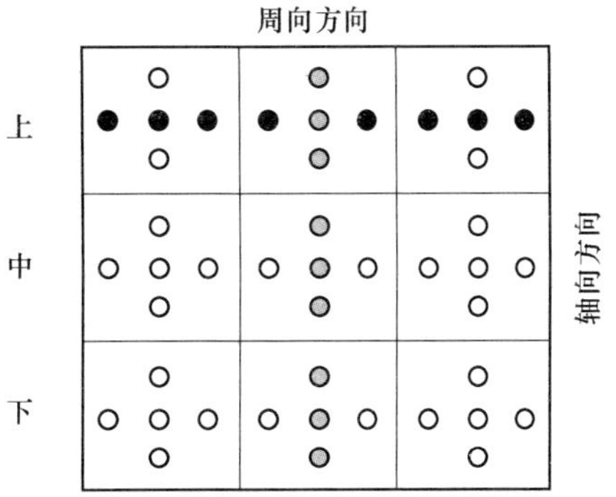

镀锡层厚度测试布点位置设计如图 8-3 所示。这种数据采集设计使得采集的数据

周向方向

轴向方向

图 8-3　数据采集点位置布置

既有独立性，又有分块封装性。由于垫片厚度很小，故半瓦弧长仍取原圆形周长的一半，为 590mm。衬套布点范围不包括进油口、出油口部分。布点边界位置主要考虑离进、出油口的距离。若布点平均分配，则边界部分无法准确测量。故取左右边界点距边界 23mm，上下边界点距边界 17mm。

8.1.5　数据处理方法

（1）多元线性回归模型：

$$y_i = b_0 + b_1 x_{1i} + b_2 x_{2i} + \cdots + b_j x_{ji} + e_i \tag{8-1}$$

$$\hat{y}_i = b_0 + b_1 x_{1i} + b_2 x_{2i} + \cdots + b_j x_{ji} \tag{8-2}$$

式中，y_i 为第 i 组的观测值；$\hat{y}_i$ 为回归估计值，即 y_i 的估计值；x_i 为第 i 组可以控制或预先给定的影响因素；b_0、b_i 分别为回归模型参数；e_i 为回归余项，即实际观测值与回归估计值间的离差，呈正态分布。

从 k 个自变量（$j=1$, 2, …, k）、N 组试验数据（$i=1$, 2, …, N）中寻找一组参数估计值 $\hat{b}$，使得离差平方和最小：

$$Q = \sum e_i^2 = \sum (y_i - \hat{y}_i)^2 = \sum (y_i - \hat{b}_0 - \hat{b}_1 x_{1i} - \hat{b}_2 x_{2i} - \cdots - \hat{b}_j x_{ji}) \tag{8-3}$$

式中，Q 为实际观测值与回归估计值之间的离差平方和。

根据微积分极值原理，分别对 $\hat{b}_0$、$\hat{b}_1$、…、$\hat{b}_k$ 求一阶导数，并令其等于零，即：

$$\frac{\partial Q}{\partial \hat{b}_j} = 0 \tag{8-4}$$

式（8-3）和式（8-4）联立求解得到：

$$\begin{cases} \sum (\hat{b}_0 + \hat{b}_1 x_{1i} + \hat{b}_2 x_{2i} + \cdots + \hat{b}_j x_{ji}) = \sum y_i \\ \sum (\hat{b}_0 + \hat{b}_1 x_{1i} + \hat{b}_2 x_{2i} + \cdots + \hat{b}_j x_{ji}) x_{1i} = \sum y_i x_{1i} \\ \qquad\qquad\vdots \\ \sum (\hat{b}_0 + \hat{b}_1 x_{1i} + \hat{b}_2 x_{2i} + \cdots + \hat{b}_j x_{ji}) x_{ji} = \sum y_i x_{ji} \end{cases} \tag{8-5}$$

将式（8-5）改写为矩阵形式：

$$\begin{bmatrix} N & \sum x_{1i} & \cdots & \sum x_{ki} \\ \sum x_{1i} & \sum x_{1i}^2 & \cdots & \sum x_{1i} x_{ki} \\ \vdots & \vdots & \cdots & \vdots \\ \sum x_{ki} & \sum x_{ki} x_{1i} & \cdots & \sum x_{ki}^2 \end{bmatrix} \begin{bmatrix} \hat{b}_0 \\ \hat{b}_1 \\ \vdots \\ \hat{b}_k \end{bmatrix} = \begin{bmatrix} 1 & 1 & \cdots & 1 \\ x_{11} & x_{12} & \cdots & x_{1N} \\ \vdots & \vdots & \cdots & \vdots \\ x_{k1} & x_{k2} & \cdots & x_{kN} \end{bmatrix} \begin{bmatrix} y_1 \\ y_2 \\ \vdots \\ y_N \end{bmatrix} \tag{8-6}$$

式（8-6）的向量形式为 $(X^T X)\hat{b} = X^T Y$，从而，参数估计值 $\hat{b}$ 为：

$$\hat{b} = (X^T X)^{-1} X^T Y \qquad (8-7)$$

将所求得的 $\hat{b}$ 回代到式（8-2），得到估计值 $\hat{y}$，即这组数据的拟合值。

（2）多元二次式回归模型：如果数据散点图上 y 与 x 呈较明显的二次（或高次）函数关系，或者用线性模型式（8-1）的效果不佳，考虑多元多项式回归模型，备选模型如下：

纯二次： $\qquad y = b_0 + b_1 x_1 + \cdots + b_k x_k + \sum_{j=1}^{k} b_{jj} x_j^2 \qquad (8-8)$

交叉二次： $\qquad y = b_0 + b_1 x_1 + \cdots + b_k x_k + \sum_{1 \leqslant j \neq m \leqslant k} b_{jm} x_j x_m \qquad (8-9)$

完全二次： $\qquad y = b_0 + b_1 x_1 + \cdots + b_k x_k + \sum_{1 \leqslant j, \ m \leqslant k} b_{jm} x_j x_m \qquad (8-10)$

8.1.6 显著性检验

（1）回归模型假设检验：数据的拟合值均值为 $\overline{y} = \dfrac{1}{N} \sum_{i=1}^{N} \hat{y}_i$，方差为 $s^2 = \dfrac{1}{N-1} \sum_{i=1}^{N} (y_i - \overline{y})^2$。

为说明回归方程对原始数据的拟合程度，用判定系数 R^2 检验：

$$R^2 = \frac{U}{S} \qquad (8-11)$$

式中，U 为拟合数据平方和，$U = \sum_{i=1}^{N} (\hat{y}_i - \overline{y})^2$；$S$ 为原始数据平方和，$S = \sum_{i=1}^{N} (y_i - \overline{y})^2$；$R$ 为复相关系数，$R = \sqrt{R^2}$。

R 越大，y 与 $x_1, x_2, \cdots, x_k$ 相关关系越密切。通常，R 大于 0.8（或 0.9）才认为相关关系成立。若 R 小于 0.8，只说明 y 与 $x_1, x_2, \cdots, x_k$ 的线性关系不明显，但极有可能存在非线性关系，如平方关系等。

（2）回归系数假设检验与区间估计：$\hat{b}$ 服从正态分布，即 $\hat{b}_j \sim N(b_j, \ \sigma^2 c_{jj})$，其中 c_{jj} 是 $(X^T X)^{-1}$ 中的第 (j, j) 元素，用 s^2 代替 σ^2。用 t 对回归系数进行参数检验：

$$t_j = \frac{\hat{b}_j / \sqrt{c_{jj}}}{\sqrt{Q/(N-k-1)}} \sim t(N-k-1) \qquad (8-12)$$

对于给定的 α，若 $|t_j| < t_{\frac{\alpha}{2}}(N-k-1)$，则 b_j 与 $x_1, x_2, \cdots, x_k$ 的线性关系不明显。

式（8-12）可用于对 b_j 作区间估计（$j = 0, 1, \cdots, k$），在置信水平 $1 - \alpha$

下，置信区间为：

$$\left[\hat{b}_j - t_{\frac{\alpha}{2}}(N-k-1)\nu\sqrt{c_{jj}}, \quad \hat{b}_j + t_{\frac{\alpha}{2}}(N-k-1)\nu\sqrt{c_{jj}}\right] \tag{8-13}$$

式中，$\nu = \sqrt{\dfrac{Q}{N-k-1}}$。

8.2　数据处理

8.2.1　数据处理

数据处理过程是计算图 8-3 中各数据采集点厚度的算术平均值，即 9 种试验安排下镀锡层厚度测试的各厚度平均值，如表 8-6 所示。

表 8-6　镀锡层厚度试验数据处理　　　　　　　　　　　　（μm）

试验号 镀锡层	1	2	3	4	5	6	7	8	9
平均厚度	104.56	4.97	36.67	16.11	20.67	7.48	25.11	29.33	28.89

8.2.2　数据处理工具

（1）不同因素的测量单位不同，为消除变量量纲效应，使每个变量都具有同等表现力，需对数据无量纲化处理，典型处理方法为压缩处理法。

（2）使用 MATLAB 统计工具箱中的 regress 命令实现多元线性回归，b = regress(Y, X)，其中 b 为回归系数。调用函数形式为：

[b, bint, r, rint, stats] = regress (Y, X, alpha)

式中，alpha 为显著水平；b、bint 为回归系数估计值与其置信区间；r、rint 为残差（向量）与其置信区间；stats 是检验回归模型的统计量，有四个数值，即 R_2、F 与 F 对应的 P、残差的方差 S^2。

（3）残差与其置信区间可以用 rcoplot（r, rint）画图得到。

8.2.3　数据编程与计算

（1）对不同变量压缩处理，使每个变量的方差均变为 1，如表 8-7 所示。

表 8-7　变量的无量纲化处理

无量纲化	粗糙度/μm			镀锡温度/℃			镀锡时间/min			搪锡次数/次		
	12.5	6.3	3.2	250	280	320	10	20	30	1	2	3
S	4.74			35.12			10			1		

续表8-7

无量纲化	粗糙度/μm			镀锡温度/℃			镀锡时间/min			搪锡次数/次		
	12.5	6.3	3.2	250	280	320	10	20	30	1	2	3
x^*	2.64	1.33	0.68	7.12	7.97	9.11	1	2	3	1	2	3

注: 1. S 计算公式为: $S = \sqrt{\dfrac{1}{n-1}\sum(x-\bar{x})^2}$。

2. x^* 计算公式为: $x^* = \dfrac{x}{S}$。

（2）计算得到回归方程为：

$$\hat{y} = 129.95 - 9.32x_1 - 15.24x_2 - 12.13x_3 + 19.60x_4 \qquad (8\text{-}14)$$

式中，x_1 为镀锡温度；x_2 为镀锡时间；x_3 为搪锡次数；x_4 为粗糙度；$\hat{y}$ 为镀锡层厚度，μm。

模型显著性水平 $\alpha = 0.01$ 时，残差分布如图8-4（a）所示。观察可知：所有置信区间均包含零点，但 $R^2 = 0.7233$，$p = 0.1873 > \alpha$，故回归模型中存在异常数据。改变显著性水平 $\alpha = 0.05$，此时残差分布如图8-4（b）所示。观察可知：除第5个数据外，其余残差的置信区间均包含零点。第5个点被视为异常点，将

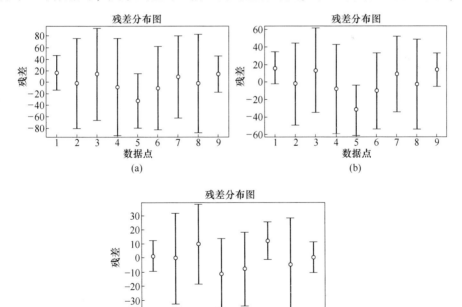

图 8-4　残差置信区间分布图

（a）$\alpha = 0.01$ 残差分布；（b）$\alpha = 0.05$ 残差分布；（c）剔除异常点的 $\alpha = 0.05$ 残差分布

其剔除后重新计算，可得：

$$\hat{y} = 128.04 - 10.07x_1 - 15.24x_2 - 12.13x_3 + 28.08x_4 \qquad (8-15)$$

分析所得回归模型统计量可以得出：

1）$R^2 = 0.9337$，即 $R = 0.966$，说明模型相关因素关系密切，线性关系明显。

2）$F = 10.5597$，$p = 0.0410 < \alpha = 0.05$，证明回归模型成立。

3）$S^2 = 153.2857$，残差方差较小，且置信区间包含所有零点，故模型拟合度高。

回归模型参数置信区间如表 8-8 所示，其区间可靠性为 0.95。

表 8-8　回归参数置信区间

回归参数	b_0	b_1	b_2	b_3	b_4
置信区间	-12.52, 268.60	-26.20, 6.06	-31.32, 0.85	-28.21, 3.96	9.79, 46.37

式（8-15）可作为镀锡层厚度的工艺控制公式，同一个镀锡层厚度，有多种不同组合，可通过其界面结合强度测试确定最优组合，也可以选定经验工艺处理方法后，用该公式预测镀锡层厚度值。

另外，表 8-2 中，除设计的 9 组正交试验数据外，另外采集了其余 18 组试验数据，可通过控制变量法分析各个工艺因素与镀锡层厚度的关联度。将其余 18 组测试数据与式（8-15）的计算估计值对比分析，如图 8-5 所示。

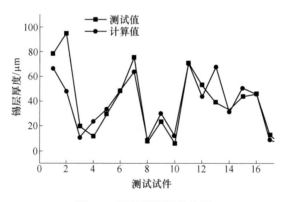

图 8-5　回归模型评价分析

图 8-5 中，有 2 组数据相差较大，相对误差分别为 49.4%、42.3%，有 5 组数据误差值在 15% 左右，有 11 组数据误差值在 5% 以内。由此可知，该模型效果较佳，评价比较理想。

9 结合界面接触力学模型与试验研究

涂层与基体作为一个系统，其界面结合强度直接影响着涂层的性能。工程应用中，不仅对零部件尺寸形状或使用性能有较高的要求，而且经常涉及涂层与基体的结合强度问题。如何定量评价基体与涂层结合强度显得越来越重要。本章以巴氏合金与钢体界面为研究对象，考虑钢套不同的挂金表面，对界面进行受力分析，建立结合强度的数学模型，对其结合界面进行有限元仿真，分析不同生产工艺条件下的界面应力分布，通过试验测试采集数据对比分析修正，并对所构建的模型进行分析和评价，拟得到一种影响因素小、表征参数及物理意义明确、可用于油膜轴承巴氏合金与钢体界面结合强度理论计算的方法。

9.1 界面接触力学模型

巴氏合金因致密性好、耐磨的特点，应用于油膜轴承衬套。对于衬套的局部损坏、偏磨或磨损，工程上采用的修复方法有：离心浇铸、堆焊、电刷镀、火焰喷涂等。生产实践表明，无论采用哪种修复方法，钢套的挂金表面形状对巴氏合金界面结合强度都有显著影响。

钢套的挂金表面有光面、圆弧面和截球面，如图 9-1 所示。

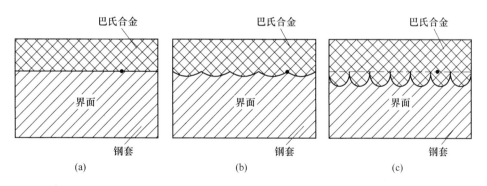

图 9-1 不同挂金表面示意图

（a）光面；（b）圆弧面；（c）截球面

根据生产经验，依据待修复表面设计要求、基体材质、形状、厚薄、表面原始形状以及施工条件等因素来选择表面处理方法，以实现上述任一挂金表面。通常，机械加工方法可以实现挂金表面为光面、圆弧面的形状；非机械加工方法（喷击钢球法）可使表面形成高低起伏无规则凹球面（截球面）网状形式，即通过特制的钢球，借助机械作用喷击在钢套挂金表面。

　　衡量挂金表面质量的因素主要有表面粗糙度和接触面积。对于表面粗糙度对结合强度的影响，采用控制变量法，在完成不同接触面积理论推导及试验修正之后，再考虑此因素进行试验研究，进一步完善理论模型。

　　第 3 章已经对圆弧面的挂金表面做过界面应力模型研究，根据厚壁圆筒理论得出了"过渡区"结合强度计算公式，并针对该挂金表面，基于 Hertz 接触理论推导得出了界面结合处的应力（结合强度）峰值计算公式[37]。以下给出另外两种挂金表面结合强度理论计算的推导模型。

9.1.1　光面接触模型

　　由于钢体表面并非绝对平面，总存在微小的高低起伏，假设巴氏合金与钢体的实际界面为锯齿形界面，如图 9-2（a）所示。根据受力分析，界面处的应力 σ_{in} 可以分解成垂直于微小锯齿面的正应力 σ 和平行于微小锯齿面的切应力 τ，如图 9-2（b）所示。当正应力 σ 大于界面许用结合强度 $[\sigma]$ 时，巴氏合金层开始从基体剥落。

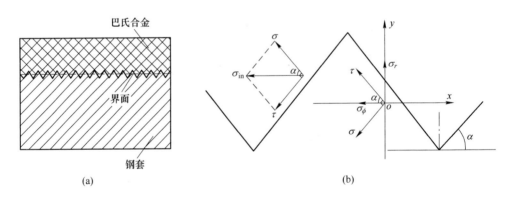

图 9-2　锯齿形界面假设及应力分析
（a）锯齿形界面假设；（b）应力分析

　　式（3-7）和式（3-8）给出了"过渡区"应力分量及合应力表达式。图 9-2（b）中以径向和切向建立了直角坐标系 oxy。根据平行四边形法则及力平衡分析推导如下：

$$\begin{cases} \tau\sin\alpha - \sigma\cos\alpha = \sigma_r \\ \tau\cos\alpha + \sigma\sin\alpha = \sigma_\phi \end{cases} \tag{9-1}$$

　　联立式（3-7）、式（9-1）可得微小锯齿面的正应力 σ 为：

$$\sigma = \sigma_\phi \sin\alpha - \sigma_r \cos\alpha \tag{9-2}$$

微小锯齿面的切应力 τ 为：

$$\tau = \sigma_\phi \cos\alpha + \sigma_r \sin\alpha \tag{9-3}$$

由锯齿形界面的对称性可知，角度 α 取值范围为 $0 \le \alpha \le 45°$。当 $45° \le \alpha \le 90°$ 时，各分力及合力同样具有对称性。当 $\alpha = 90°$ 时，微小锯齿面的正应力 σ 和切应力 τ 分别为"过渡区"位置径向力 σ_r 和切向力 σ_ϕ。

对界面处的应力 σ_{in} 计算，以图 9-2（a）中虚线为衬套弯曲界面中性线。设巴氏合金厚度为 δ_1，钢套厚度为 δ_2，取微小单元作为研究对象，则该微小单元可看作弯曲变形的平面假设，根据材料力学的弯曲理论及巴氏合金影响因子 λ 的研究，得到巴氏合金区域内的正应力 σ_1 与钢套区域内的正应力 σ_2：

$$\sigma_1 = \frac{1}{\lambda} E_1 \frac{y_1}{\rho} \quad (0 < y_1 < \delta_1) \tag{9-4}$$

$$\sigma_2 = \frac{1}{1-\lambda} E_2 \frac{y_2}{\rho} \quad (0 < y_2 < \delta_2) \tag{9-5}$$

式中，y_1、y_2 分别为任意一点到中性层（过渡区）的距离，mm；E_1、E_2 分别为巴氏合金、钢套的弹性模量，GPa；ρ 为"过渡区"曲率半径，mm。

衬套弯曲界面中性线（界面）的假设使得巴氏合金与钢套各自的变形不能独立存在，而是体现在相互作用，第 7 章对巴氏合金影响因子的研究就是基于各自变形的相互作用。将式（9-4）、式（9-5）中的应变再除以各自的影响因子，即体现了各自变形在总变形中的作用。

由式（9-4）、式（9-5）可知，正应力与到中性层距离成正比。分别在各自区域内求得均值 $\bar{\sigma}_1$、$\bar{\sigma}_2$，并将两者的算术平均值作为界面处的应力 σ_{in}，如下所示：

$$\begin{cases} \bar{\sigma}_1 = \frac{1}{2\lambda} E_1 \frac{\delta_1}{\rho} \\ \bar{\sigma}_2 = \frac{1}{2(1-\lambda)} E_2 \frac{\delta_2}{\rho} \end{cases} \tag{9-6}$$

界面处的应力 σ_{in} 计算公式为：

$$\sigma_{in} = \frac{1}{2\rho} \left(E_1 \delta_1 \frac{1}{\lambda} + E_2 \delta_2 \frac{1}{1-\lambda} \right) \tag{9-7}$$

式（9-7）中，巴氏合金影响因子 λ 是在变载荷情况下测定的，该公式能否作为稳定运行时的估算公式，有待进一步研究。如果要得到界面处的应力 σ_{in} 与实际承受的外载荷之间的关系，还需要解决有关弯矩的假设问题。同时，锯齿形界面中，角度 α 的灵敏度问题也是求解关键。

同一个坐标系上进行受力分析，理论上"过渡区"合应力 σ_{cs} 与界面处的应

力 σ_{in} 应该大小相等，方向相同。由于属于不同假设条件，且光面模型下微小锯齿面没有规律性，合力方向具有不确定性，因此，两者仅是大小相等。在模拟仿真时，界面处对应力 σ_{in} 的验证，从某一截面的角度开展。

9.1.2　截球面接触模型

定性分析三种挂金表面形状中钢套与巴氏合金界面结合处的受力情况，如图 9-3 所示。

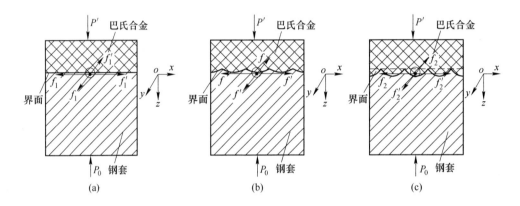

图 9-3　不同挂金表面受力分析示意图
(a) A 形式；(b) B 形式；(c) C 形式

(1) 巴氏合金受力情况：在巴氏合金表面作用一定载荷 P'，分析巴氏合金滑动位移阻力的变化。

A 形式：从巴氏合金受力情况（图 9-3 (a)）可得，当巴氏合金在一定载荷 P' 作用下，巴氏合金滑动位移阻力（$f_1 f_1'$）沿四周方向趋势相同。

B 形式：从巴氏合金受力情况（图 9-3 (b)）可得，当巴氏合金在一定载荷 P' 作用下，巴氏合金滑动位移阻力（ff'）沿四周方向趋势不相同，沿 X 方向发生位移比沿 Y 方向困难（阻力大）。

C 形式：从巴氏合金受力情况（图 9-3 (c)）可得，当巴氏合金在一定载荷 P' 作用下，巴氏合金滑动位移阻力（$f_2 f_2'$）沿四周方向趋势相同，但合金发生滑动位移就比较困难。$f_2 f_2'$ 与 B 形式的 ff' 相似，通过以上定性分析比较，巴氏合金层厚度在一定范围内，不同挂金表面抗滑动强度不同。

(2) 合金内应力情况：

A 形式：巴氏合金界面为平面，合金和钢套只是在加工、浇铸时产生内应力，但应力分布较均匀，几乎没有应力集中。

B 形式：巴氏合金界面为螺纹面，巴氏合金易在圆弧与圆弧交界处产生应力集中，使得巴氏合金开裂，减薄巴氏合金厚度对界面结合性能有一定影响。

C 形式：巴氏合金界面为截球面，且呈无规则网状型，所以巴氏合金在波峰处不产生连续的应力集中，使得合金厚度相对可以减薄一些。

（3）钢套挂金表面金相组织变化：

A 和 B 形式：由于加工刀具为硬质合金钢，所以加工出的挂金表面不可避免地会留下微量的合金元素，在浇铸巴氏合金时，往往使得合金与挂金表面之间产生不连续性，从而影响浇铸质量。

C 形式：一般没有微量合金元素留在挂金表面上，而且能使合金挂金表面金相组织发生变化，从而进一步提高巴氏合金力学性能和物理性能。

对图 9-3（c）中界面应力进行假设计算，由于钢套挂金表面为截球面，可看作两球体的接触。半径为 R_1、R_2 的两球体相互接触时，在径向力 σ_r 的作用下，形成一个半径为 a 的圆形接触面积（如图 9-4 所示），由赫兹公式得到：

$$a = \sqrt[3]{\frac{3\sigma_r}{4} \times \frac{\dfrac{1-\mu_1^2}{E_1} + \dfrac{1-\mu_2^2}{E_2}}{\dfrac{1}{R_1} + \dfrac{1}{R_2}}} \tag{9-8}$$

式中，E_1、E_2、μ_1、μ_2 分别为两球体材料的弹性模量和泊松比。

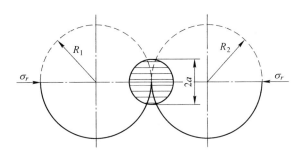

图 9-4　两球体接触假设示意图

径向力 σ_r 引起的两球面接触应力最大值 σ_H 为：

$$\sigma_H = \frac{1}{\pi} \sqrt[3]{6\sigma_r \left(\frac{\dfrac{1}{R_1} + \dfrac{1}{R_2}}{\dfrac{1-\mu_1^2}{E_1} + \dfrac{1-\mu_2^2}{E_2}} \right)^2} \tag{9-9}$$

由于半球截面都是巴氏合金材料，即 $E_1 = E_2$，$R_1 = R_2 = R$，泊松比 $\mu_1 = \mu_2$，取为 $\mu_1 = \mu_2 = 0.285$，则 σ_H 为：

$$\sigma_H = 0.612 \sqrt[3]{\frac{\sigma_r E_1^2}{R^2}} \tag{9-10}$$

研究径向力 σ_r 引起的应力变化，取微小截球所在长方体（$2R\times2R\times R$）为研究对象，认为界面的存在使得径向力 σ_r 分配到不同的材料，而且是一个平面应力状态。按照巴氏合金影响因子 λ 分配，可得到两正应力 σ_1、σ_2，根据体积百分比 ξ 来确定 λ 的取值，体积百分比计算简化示意图如图9-5所示。

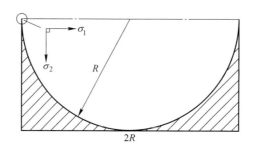

图9-5　体积百分比计算简化示意图

由图9-5的几何关系可以求出体积百分比 ξ 为：

$$\xi = \frac{\frac{2}{3}\pi R^3}{2R \times 2R \times R} = \frac{\pi}{6} \tag{9-11}$$

第7章式（7-1）已经给出：$\dfrac{1}{E} = \lambda\dfrac{1}{E_2} + (1-\lambda)\dfrac{1}{E_1}$，则两正应力 σ_1、σ_2 分别为：

$$\sigma_1 = E\frac{1}{\lambda}\frac{\sigma_r}{E_1} \tag{9-12}$$

$$\sigma_2 = E\frac{1}{1-\lambda}\frac{\sigma_r}{E_2} \tag{9-13}$$

式中，E 为复合材料弹性模量，GPa；σ_1 为巴氏合金材料引起的正应力，MPa；σ_2 为钢套材料引起的正应力，MPa。

相关薄管试验资料（如钢、铜、铝等）表明，畸变能密度屈服准则与试验准则相当吻合，比第三强度理论更符合试验结果。按照第四强度理论，得到挂金表面为截球面的合应力 $\sigma_{\max}$ 计算公式：

$$\sigma_{\max} = \sqrt{\frac{1}{2}\left[(\sigma_1 - \sigma_2)^2 + (\sigma_2 - \sigma_H)^2 + (\sigma_H - \sigma_1)^2\right]} \tag{9-14}$$

在钢套挂金表面为截球面的情况中，应力集中高峰点总存在同号的三向拉应力场，提高了巴氏合金与钢套结合面处界面的结合强度，阻碍了塑性变形的发生，因而其大多数呈现脆性。

9.2 数值仿真模拟

9.2.1 模型建立

Comsol Multiphysics 是基于有限元方法，求解物理场的偏微分方程或偏微分方程组，模拟仿真各种真实的物理现象。其高效的计算性能、独特的多场全耦合分析能力，可以保证数值仿真的高度精确。

根据图 9-3 所示的三种挂金表面，利用 Comsol Multiphysics 对其结合界面进行有限元应力场模拟，分析不同生产工艺条件下的界面应力分布。为便于分析对比，以微小单元作为模型构建基础，外形尺寸取长方体（10mm×10mm×2mm），并满足巴氏合金厚 2mm 的条件，钢套厚度为 18mm。其挂金表面 3D 模型如图 9-6 所示。

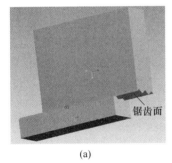
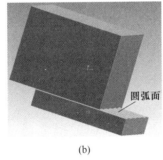

(a)   (b)   (c)

图 9-6 不同挂金表面 3D 模型

（a）A 型 3D 模型；（b）B 型 3D 模型；（c）C 型 3D 模型

打开 Comsol Multiphysics 仿真软件，将挂金表面 3D 模型导入，删除多余面，并设置导入模型为组合体，定义接触对，设置材料属性，细分网格，如图 9-7 所示。设置边界载荷为 $P' = 12\text{MPa}$，$P_0 = 5.449\text{MPa}$，定义装配应力 P_0 所在面为固定约束，边界条件加入周期性条件。

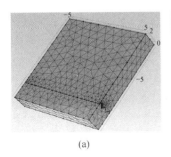
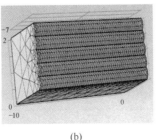
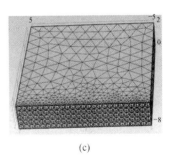

(a)   (b)   (c)

图 9-7 3D 模型网格划分

（a）A 型；（b）B 型（巴氏合金层）；（c）C 型（钢套）

9.2.2　仿真结果

设置求解器属性（分组迭代），求解计算，仿真分析结果如图 9-8 所示。

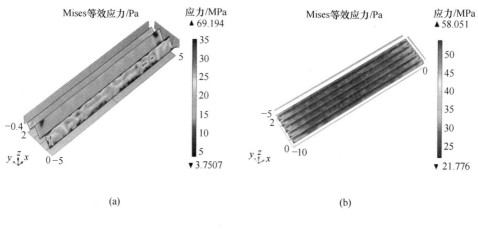

(a)　　　　　　　　　　　　　　　(b)

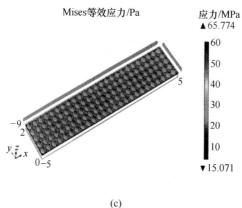

(c)

图 9-8　三种挂金表面的界面应力仿真结果

（a）A 型；（b）B 型；（c）C 型

9.2.3　对比分析

将有限元结果与理论计算结果进行比较，如表 9-1 所示。

表 9-1　仿真与理论计算结果对照表

挂金表面	A 型		B 型		C 型	
相关参数理论值/MPa	σ	17.47	σ_ϕ	37.3	σ_H	64.32
	τ	35.28	σ_r	12.6	λ	0.621

挂金表面	A 型		B 型		C 型	
界面应力理论值/MPa	σ_{in}	40.31	σ_p	62.2	σ_{max}	68.97
模拟值/MPa	34.448		53.801		59.537	
相对误差/%	14.54		13.50		13.68	

表 9-1 中 σ_r、σ_ϕ 的值是基于第 3 章的模拟仿真模型。分析表中数据可以看出，三种挂金表面下提出的理论计算值与模拟计算值之间的相对误差值在 15% 范围内。由于仿真模拟的前提是在理想情况下，忽略了许多次要因素，同时理论计算模型中假设条件的正确性与适用性均存在不确定性，因此，表中数据不足以对模型作出评判，试验研究必不可少，在得到试验数据之后，再对模型进行分析修正。

9.3 试验研究

9.3.1 巴氏合金层制备工艺

9.3.1.1 试验材料选择

试验过程中选用的基体金属材料为 20 碳素钢，使用的喷涂丝材为 ZSnSb11Cu6 巴氏合金，中间进行镀锡层处理，按式（4-37）进行镀锡工艺控制。在完成试验验证的同时，拟考虑表面粗糙度对结合强度的影响，制备不同粗糙度的两类试验试样。在第 4 章已经研究得到镀锡层最佳厚度为 40μm，控制工艺参数选定如表 9-2 所示。试验前将各个试样切割成各项试验所需的规格，并对试件表面去油污后进行喷砂处理。

表 9-2 镀锡层控制工艺参数

控制工艺	粗糙度/μm	试样长度/mm	宽度/mm	厚度/mm	锡层厚度/μm
1 类试样	6.3	280	30	3	41.0341
2 类试样	3.2	295	30	3	41.0264

9.3.1.2 电弧喷涂用锡基巴氏合金丝的制作

锡基轴承合金熔炼工艺方法：配置巴氏合金的原料主要有锡锭、锑锭和纯铜屑。先按照比例称量好各组分，将干燥的木炭加在坩埚底部，在坩埚预热到 200℃左右时，加入一半的锡量和全部铜。当料全部熔化后加入预热过的锑粒，并不断搅拌，待锑全部熔化后进行清渣。之后加入剩余的锡，当合金液升温到浇铸温度时，可恒温 1h 以便使合金成分均匀。然后将合金液搅拌后用 0.05% ~ 0.1%的脱水氯化铵精炼，静置一段时间后拨开熔池表面的渣皮，将熔化的合金液倒入铸型，铸成 φ100mm 的圆柱形铸锭。该方法中铜不依靠高温熔化，而是利用液体锡和固体铜的相互溶解作用，可缩短熔炼时间，减少能源消耗，避免合金液过热。由于巴氏合金熔点较低（约为 240℃），采用该工艺方法便可完成轴承合金的熔炼和合金锭的制作。为了减少轴承合金的杂质含量，熔炼之前必须严格控制金属原材料的纯度。

将合金锭经机械加工去掉端面，获得长约 100mm 的圆柱，在立式挤压机上完成合金丝材的挤压。挤压试验开始阶段，不易得到直径均匀的连续丝材，经常发生丝材折断的现象，分析其原因可能是圆柱形坯料铸锭偏析严重、晶粒粗大所致。改善方法为在铸型周围施加电磁搅拌，采用此措施后，在铸锭组织开始凝固结晶时外加旋转磁场，金属液中产生感应电流，在洛伦兹力作用下产生旋转运动，从而达到对金属液搅拌的目的。电磁搅拌使得初生的晶体化合物破碎，形成较多的晶核，从而在较大的过冷度下细化晶粒。这种方法有效地克服了丝材易折断的现象，获得合格的 φ3.5mm 丝材。然后经过拉丝机，拉拔到 φ3.2mm，最终得到电弧喷涂用锡基巴氏合金丝材。

9.3.1.3　电弧喷涂巴氏合金工艺过程

电弧喷涂巴氏合金工艺过程如下：工件表面预处理→工件预热→喷涂→涂层后处理。

（1）表面预处理：试验中制备试块时，首先将 20 碳素钢进行除油处理，随后放置在烘箱中，100℃条件下烘干 2h。对试件金属基体的表面采用 20 号棕刚玉磨料进行喷砂处理，采用的砂粒粒度为 16 号砂，喷砂压力为 0.4MPa。

（2）预热：预热的目的是为了消除工件表面的水分和湿气，提高喷涂粒子与工件接触时的界面温度，以提高涂层与基体的结合强度，减小两种材料的热膨胀差异造成的应力，防止涂层开裂。预热温度取决于工件大小、形状和材质，以及基材和涂层材料的线膨胀系数等因素，一般情况下预热温度控制在 60~120℃之间。

（3）喷涂：采用 FLEXI ARC 300 型电弧喷涂设备，对经过喷砂和镀锡后的试件喷涂巴氏合金。预处理好的工件要在尽可能短的时间内进行喷涂，试验中对经喷砂处理的基体通常要求在 2h 内进行喷涂。在正常喷涂时，电弧喷涂的距离对喷涂质量的影响不敏感。工件获得的热量是由喷涂离子带到工件上的，对于尺寸小而薄的 20 钢基体喷涂巴氏合金时，使用低的送丝速度，可减少工件过热。喷涂参数根据涂层材料、喷枪性能和工件情况而定，优化的喷涂条件可以提高喷涂效率，并获得高质量的涂层。电弧喷涂巴氏合金层工艺参数如表 9-3 所示。

表 9-3 电弧喷涂工艺参数

丝材类型	喷涂电压/V	喷涂电流/A	雾化空气压力/MPa	喷涂距离/mm
ZSnSb11Cu6	25	60	0.5	150

9.3.2 结合强度试样制备

（1）试样尺寸：试件尺寸规格如图 9-9 所示。试件直径为 25mm，长为 50mm，圆柱体形状，并在试件的一个端面中心设置螺孔，以便旋入拉伸夹具。

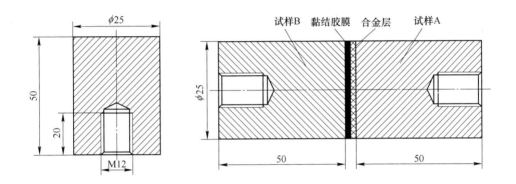

图 9-9 拉伸法测量结合强度试样示意图

（2）试样每 2 个为一对，3 对为一组，每组 6 个试件，共 6 组，按挂金表面粗糙度分为 2 类。

每组试件中，存在一个对黏件（如图 9-9 试样 B）。使用的黏结剂的抗拉强度要大于涂层与基体的结合强度，且应对拉力试验的测定值没有影响，保证拉伸试验时断裂面发生在涂层与基体的结合面上。本试验采用美国产的 J-19 胶膜，需冷冻保存，其黏结强度可以达到 70MPa。黏结过程如下：

1）将胶膜剪成 φ25mm 的圆片，每两个为一组放置在测试件与对黏件之间，保证上下圆柱的同轴。为防止胶膜受热外溢，需在胶膜处用纸带封闭，保证上下端面固定。

2）将带有胶膜的拉伸试件放入自行设计的固定装置中固定，用弹簧及螺钉来保证轴向固定，再将装有试样的固定装置放入恒温箱中，温度193℃，保温 2h，随炉冷却。

冷却完成后将试件从固定装置中取出，取出时为避免涂层受轴向拉力作用，需将试件夹紧在固定装置上缓慢旋出。样品分组编号情况如表 9-4 所示。

表 9-4　试验样品编号和分类

挂金表面粗糙度/μm	6.3			3.2		
	A	B	C	A	B	C
试样编号	1	2	3	4	5	6
	1′	2′	3′	4′	5′	6′
	1″	2″	3″	4″	5″	6″

9.3.3　试验结果分析

在 CSS-55100 型电子万能试验机上进行涂层的拉断试验，拉伸速率 2mm/min。结合强度测试数据如表 9-5 所示。

表 9-5　拉伸法测结合强度数据

表面粗糙度 R_a/μm	编号		结合强度 σ/MPa	平均值 $\bar{\sigma}$/MPa	标准差 S/MPa	$\dfrac{S}{\bar{\sigma}}$/%
6.3	A	1	38.87			
		1′	42.19	40.47	1.665	4.12
		1″	40.31			
	B	2	67.17			
		2′	69.21	68.52	1.169	1.71
		2″	69.18			
	C	3	69.33			
		3′	70.23	69.66	0.493	0.71
		3″	69.43			
3.2	A	4	35.58			
		4′	39.21	38.03	2.119	5.57
		4″	39.29			
	B	5	67.91			
		5′	68.02	68.02	0.110	0.16
		5″	68.13			
	C	6	68.30			
		6′	68.78	68.72	0.398	0.58
		6″	69.09			

分析表 9-5 中数据可知：结合强度的测试数据标准差均在随机因素范围之内。对同一表面粗糙度来说，随钢套挂金表面接触面积的增大，其结合强度值越大，B、C 两种挂金表面的结合强度值较接近，差值在 2MPa 之内；对于 A 型挂金表面，其结合强度值最小，B、C 两种形式的挂金表面结合强度值约为其 1.7 倍。因此，此种挂金表面已经在生产实践中被取缔，极少数用在单件、核电、冶金等重要场合。极少数时候为了考虑节约成本、降低能源消耗等，采用此挂金表面。对于同一接触面类型来说，适当地增加表面粗糙度可提高界面结合强度，即机械研磨时间、均匀性要合理控制。但表面粗糙度并不是越大越好，已有资料表明：R_a 超过 $10\mu m$，其结合强度将降低。

9.4　模型分析与评价

9.4.1　模型对比分析

基于三种不同的钢体挂金表面，对巴氏合金与钢体界面结合强度进行了理论计算、模型推导、界面应力场仿真模拟以及界面强度试验测试。现根据表 9-1、表 9-5 中数据，对所构建模型对比分析可得如下结论：

（1）界面应力的模拟值均小于理论计算值，原因可能是模拟仿真中，界面实际是两材料个体的接触面，与实际结合有一定差别。

（2）不同的挂金表面，表面粗糙度一定的条件下，随接触面积的增大，界面结合强度越大；界面应力理论值与模拟值也表现出一致的递增性，但均小于界面结合强度（即许用结合强度）。换言之，虽然接触面的增大导致界面应力值增大，但对界面致密性、有效结合等都起到积极作用，提高了许用结合强度。

（3）界面应力理论值与试验值的相对误差均小于 10%，当数据足够充分时，则可以完成对理论模型的精确修正，实现在生产油膜轴承系列产品时，参照不同工况下许用载荷-转速配置使用指导表，有效预防界面结合强度导致的轴承失效。

三种挂金表面形式下理论计算值、模拟值、试验值比较，如图 9-10 所示。

由试验测得的界面结合强度值可以作为产品正常使用情况下的许用结合强度，参考第 8 章研究镀锡层最佳厚度的研究方法，对各接触面类型的工艺影响因素进行分析，设计正交试验完成各个模型界面结合强度与接触面影响因素的函数关系研究，预测其界面结合强度。

分析图 9-10 可知：不同挂金表面的界面应力理论计算模型可理解为许用结合强度下，界面不失效的安全系数（即图 9-10（a）中剖面线部分）。关于模拟值与计算值之间的误差如何修正，还有待继续探讨研究。

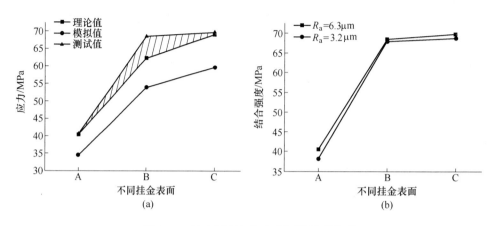

图 9-10　结合强度与挂金表面接触面关系

（a）理论计算、模拟、试验对照关系；（b）不同粗糙度与界面结合强度关系

9.4.2　模型评价

不同挂金表面接触面类型的界面结合强度研究模型评价，如表 9-6 所示。由表 9-6 可以比较清晰地得到三种挂金表面下结合强度研究的应用比较结果。企业可以根据油膜轴承系列的实际产品要求，选择不同的生产工艺，节约成本的同时，以达到性能最优。

表 9-6　模型评价对照表

评价指标	接触面类型		
	A	B	C
相对误差/%	0.40	9.22	0.99
许用结合强度/MPa	40.47	68.52	69.66
界面应力分布	分布较为均匀，不易产生应力集中	螺纹面与螺纹面交界处易产生应力峰值，局部应力集中明显，结合性较好	无连续的应力集中现象，只在局部球面顶部产生应力较大点，结合性最好
经济性	成本低，易生产，能源消耗低	成本较高，对工人技能要求较高，原材料消耗较大	成本昂贵，各项要求均较苛刻，工序复杂，能源消耗大
适用性	极少数用在单件、核电、冶金等重要场合，返工率较高，适用范围小，已逐渐被取缔	大批量，多数冶金轧制设备用油膜轴承，易于维修，性价比较高，适用范围普遍	单件、中小批量，核电、航空等特殊高性能轴承产品，应用于高、精、尖场合

注：表中相对误差是试验值与理论计算值之间的相对误差。

9.4.3 其他性能测定

对巴氏合金层的抗拉强度进行测定。喷涂过程中金属熔滴在撞击到基体表面时发生扁平变形，巴氏合金层在平行于基体表面逐层堆积增厚。巴氏合金层的抗拉强度是在平行于层间的方向施加力，合金层断裂部位是垂直于层的方向。

试件的基体材料是 20 钢，试件的形状及规格尺寸要求如图9-11所示。一套抗拉强度试件由 A、B 两个试件组成。在表面处理和喷涂之前，首先要按照图9-11所示的方法将试件 A 和试件 B 装配在一起，每组试件的数量为 5 对。对装配好的试件做表面粗化处理和喷涂巴氏合金层。喷涂层厚度是 1.2mm，机械加工后保留 1.0mm。

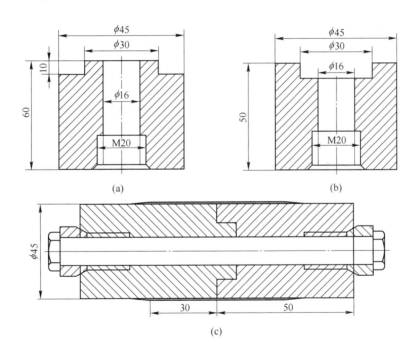

图 9-11 巴氏合金层抗拉强度试件尺寸及装配方法

(a) 试件 A；(b) 试件 B；(c) 试件装配图

使用万向节连接装置，将加工好的试件装卡在拉伸试验机上，试验时，拉伸试验速度为 1mm/min。当试件破断时，分别记录下每一个拉伸破断值。试验结果分析的主要数据是：用来计算涂层截面面积的喷涂前试验直径 $d_1 = 45mm$ 和加工后的试验直径 d_2 及拉伸试验时每个试件的破断值 F。巴氏合金层抗拉强度 σ_b 计算公式如下：

$$\sigma_b = \frac{4F}{\pi(d_2^2 - d_1^2)} \tag{9-15}$$

按式（9-15）计算得到的巴氏合金层抗拉强度数据见表9-7。对表9-7中数据分析可得：巴氏合金层的抗拉强度均较高，明显高于巴氏合金层与钢体的界面结合强度，低于巴氏合金材料的抗拉强度（$\phi3.2mm$巴氏合金ZSnSb11Cu6丝材的抗拉强度测定为105.42MPa）。电弧喷涂涂层为典型的层状结构，粒子形状大多呈扁平状，互相交错成波浪式堆叠在一起，层与层之间难免夹杂氧化物或空气，存在孔隙，使得在涂层形成方向上的抗拉强度下降（一般为切向方向）。因此，巴氏合金层自身的抗拉强度直接反映了喷涂层技术的好坏、喷涂质量的优劣。巴氏合金层与钢体的界面结合强度之所以小于相结合的两材料的抗拉强度，原因在于结合强度测定的拉力方向与合金层形成方向一致。

表 9-7　巴氏合金层抗拉强度

试件编号	喷涂后直径/mm	外加载荷/kN	抗拉强度/MPa
1	46.92	11.412	82.33
2	47.12	11.934	77.80
3	46.94	12.069	86.15
4	47.21	12.509	78.16
5	46.96	11.695	82.61
平均值	47.03	11.924	81.26

以上研究便于企业根据油膜轴承系列的实际产品要求，选择不同的生产工艺，节约成本的同时达到性能最优化；通过测定巴氏合金层的抗拉强度，可为改进喷涂质量工艺和提高巴氏合金层的工作性能指标提供理论基础。

10　油膜轴承衬套结合界面装配应力模拟

<<<<<<<<<<<<<<<<<<<<<<<<<<<<<<<<<<<<<<<<<<<<<<<<<<<<<

　　油膜轴承衬套的稳定性不仅体现在衬套基体与合金层间的结合性能，而且与衬套实际运行过程中所产生的应力和应变有关。影响油膜轴承应力和应变的因素很多，如衬套结构、工作环境因素等。本章对油膜轴承衬套实际工作过程中的受力情况进行模拟，研究其实际工作中的应力和应变，定量分析实际受力对衬套钢基体与巴氏合金层的影响。基于有限元方法对不同挂金形状的工作过程进行数值模拟，对比不同挂金形状，得到衬套的应力、应变情况，分析衬套钢体内表面的挂金形状对衬套钢基体和巴氏合金层结合性能的影响。

10.1　装配应力对衬套受力的影响

　　运行过程中所受的力场是油膜轴承衬套稳定运行的重要因素。大多数文献对于衬套受力影响的研究，仅考虑油膜轴承所受油膜压力的影响，没有考虑衬套在过盈装配时所受到的装配应力。为了提高其运行可靠性，本章提出考虑装配应力对于油膜轴承衬套受力的影响。对衬套和轴承座过盈配合时衬套所受的装配应力、油膜对衬套巴氏合金层的摩擦力和油膜压力三种受力进行加载[38]。运用有限元软件对衬套进行多力加载模拟，对比分析了有无装配应力和摩擦力的情况。

10.1.1　模型的建立

　　利用 ANSYS Workbench 软件对衬套进行分析，实际油膜轴承衬套的结构比较复杂，其中有许多油孔、油槽等结构，如图 10-1 所示。模拟过程中，结合油膜轴承结构的主要特征，将油膜轴承的轴承座进行合理简化。对衬套进行静力分析时，主要研究衬套承载区的受力情况，因此忽略衬套的进出油口，将衬套简化为圆形套筒。以油膜轴承试验台的试验轴承尺寸为依据，对油膜轴承进行简化，建立油膜轴承座和衬套的三维模型[39]，见图 10-2。

　　设置衬套钢体层和巴氏合金层之间的接触类型为绑定接触。接着定义模型的材料系数，文中所涉及的衬套为无锡层衬套，故此模型只涉及两种材料：钢体和巴氏合金。模拟中所涉及的材料参数见表 10-1。对模型的网格进行设置和调整，将衬套内表面承载区的网格进行细化，使其分析结果更加准确。然后利用软件对于模型中其他结构进行网格的自动划分，网格划分结果如图 10-3 所示。

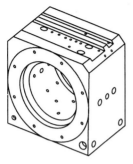
图 10-1　实际轴承装配图

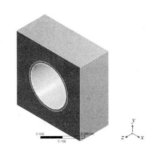
图 10-2　油膜轴承简化装配模型

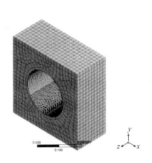
图 10-3　油膜轴承网格划分

表 10-1　材料物理性能

材　　料	弹性模量/GPa	泊松比	线膨胀系数/K^{-1}	热导率/W·(m·K)$^{-1}$
30 钢	209	0.269	11.16×10^{-6}	53
ZSnSb11Cu6	47.9	0.285	23×10^{-6}	33.49

10.1.2　模型的加载

由第 3 章中对油膜轴承衬套的受力分析可知，对衬套的油膜压力和油膜的周向摩擦力进行加载，对于衬套所受的装配应力，通过软件定义接触来实现。

（1）油膜压力加载：油膜轴承的承载区通常在 120°包角范围内，根据油膜压力计算结果，将承载区划分为轴向节点和周向节点，将油膜轴承模型转化为柱面坐标，便于对衬套油膜压力进行加载。将文献计算所得的油膜压力，分区域在承载区施加向外的径向载荷。在非承载区，考虑 Reynolds 条件和空化现象，其油膜压力视为 0，非承载区不进行任何类型的加载[40]。

（2）摩擦力加载：为了简化加载过程并且使摩擦力接近实际工况，将承载区域所受的摩擦力分为不同区域，每个区域加载的摩擦力取该区域摩擦力的平均值。非承载区的油膜压力为 0，故将非承载区的摩擦力视为 0。在加载摩擦力时需要建立柱坐标，按轴的转动方向进行周向加载。

（3）过盈配合模拟：过盈装配一般有压力压装和温差组装两种组装方法。有限元软件针对这两种组装方法可分别采用动态和静态接触方法来仿真组装过程。动态接触计算方法即按照实际压装，在适当位置施加位移或载荷边界条件，动态模拟压入装配的整个过程。静态接触分析是按照两个配合物体的实际过盈量建立有限元模型，并让其有限元网格按实际过盈量重合，定义接触容限来决定发生接触的节点[41]。

装配以后结构的静力响应属于静态分析。已知过盈量 $\delta = 0.075\text{mm}$，通过对衬套与轴承座接触面进行设置来达到过盈量。为研究油膜压力和摩擦力对衬套的影响，在无装配应力的模拟过程中，对于步骤（3）进行省略。在无摩擦力的模拟过程中，对于步骤（2）进行省略。然后对于各个模型进行位移约束，分别进行有限元模拟。

10.1.3 模拟结果与讨论

从图 10-4（a）可知，当衬套考虑装配应力时，外表面的中间部分所受应力有些波动，且中间部分应力偏小。其最大应力不在衬套表面处，而在衬套的钢体和合金层结合面附近。

从图 10-4（b）可知，装配应力对衬套形态的影响，其最大变形处于衬套的边界处，整个衬套的外侧部分的应变小于衬套两边的变形，这是因为过盈配合接触的边缘效应造成的；而承载区的变形反而比较小，是由装配应力和油膜压力共同作用造成的。

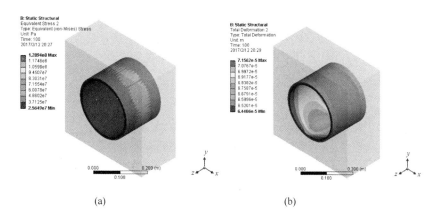

(a)　　　　　　　　　　(b)

图 10-4　考虑摩擦力的衬套过盈配合模拟结果

（a）过盈配合时衬套应力图；（b）过盈配合时衬套应变图

对比图 10-4 和图 10-5 可知，有无摩擦力的应力和应变图变化较小，可见摩擦力对衬套的应力和应变影响很小。故提取衬套承载区 $x=0$ 处轴向节点的应力、应变与加载油膜摩擦力时的数据进行对比，方便进行观察。

从图 10-6 中可以看出，衬套在有无摩擦力时的应力值和应变值相差较小。油膜轴承在运行过程中所受的摩擦力很小，对油膜轴承衬套进行分析时油膜摩擦力可以忽略不计。

当在模拟过程中不考虑过盈配合所造成的装配应力时，衬套的模拟结果如图 10-7 所示。

从图 10-7 中可知，当不考虑过盈配合时，衬套的最大应力和最大变形位置都在承载区中油膜的最大压力处，与油膜压力的规律相符合。但是与考虑过盈配

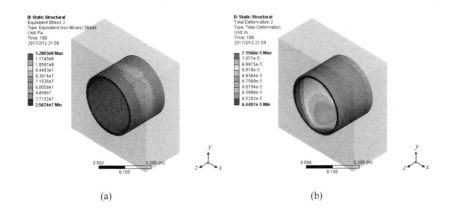

(a)　　　　　　　　　　　　　　　(b)

图 10-5　衬套过盈配合无摩擦力的模拟结果

(a) 过盈配合时衬套应力图；(b) 过盈配合时衬套应变图

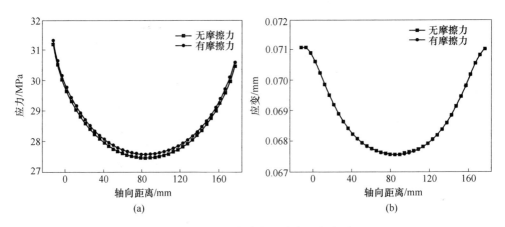

(a)　　　　　　　　　　　　　　　(b)

图 10-6　衬套有无摩擦力时应力、应变对比

(a) 应力值对比；(b) 应变值对比

合时的模拟结果（图 10-4）相比差别较大，而且应力和应变的规律有所不同。

　　为了更直观地反映两者的区别，提取衬套承载区 $x = 0$ 处轴向节点的应力、应变，与考虑装配应力时的数据进行对比，如图 10-8 所示。从图 10-8 中可知，有装配应力时衬套的应力、应变和无装配应力时相比相差较大，而且承载区衬套应力和应变的变化规律也发生了异变。明显看出装配应力对于衬套的影响比较大，在对衬套的分析中，过盈配合所造成的装配应力不可忽略。

　　(1) 从图 10-4 中可以看出，衬套的最大装配应力为 128.9MPa，和第 3 章中计算出来的结果 125.2MPa 的误差为 3.0%。证明通过厚壁圆筒过盈配合来近似计算轴承座与衬套装配应力的方法是可行的。

　　(2) 在油膜轴承衬套的设计过程中要考虑装配应力的影响。衬套内表面所

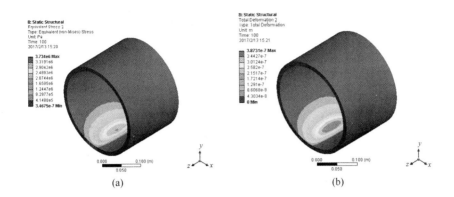

图 10-7 无过盈配合的衬套模拟结果

（a）无过盈配合衬套应力图；（b）无过盈配合衬套应变图

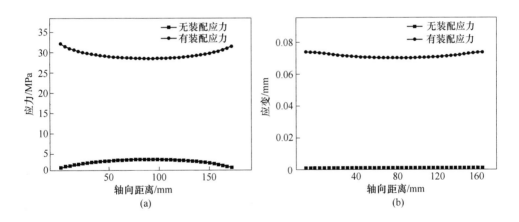

图 10-8 衬套有无过盈配合时应力、应变对比

（a）应力值对比；（b）应变值对比

受到的摩擦力对它的影响比较小，可以不予考虑。

10.2 不同挂金表面对衬套受力的影响

油膜轴承衬套在加工过程中，钢体的挂金形状对巴氏合金的冶金结合质量有很大的影响。现在大多数企业所用的轴承钢体挂金形状表面一般分为两种：一种是螺纹面，一种是平面。燕尾槽挂金形状逐渐被淘汰，主要是由于其表面加工的工艺复杂、生产效率低下且生产成本高；随着冶金结合方法的改进和提升，燕尾槽形挂金形状的衬套结合性能的优势渐失。现阶段主要的结合界面形状如图 10-9 所示。

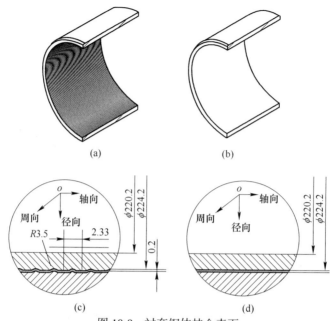

图 10-9　衬套钢体挂金表面

（a）钢体螺纹挂金表面；（b）衬套钢体平面挂金表面；
（c）螺纹结合面局部放大图；（d）平面结合面局部放大图

10.2.1　模型的建立

以油膜轴承的结构为研究重点，将实际油膜轴承的轴承座进行简化。在对油膜轴承的实体进行适当的简化以后，建立油膜轴承座和衬套的三维模型。不同的是需要分别建立平面挂金形状和螺纹面挂金形状的钢体结构模型，如图 10-10 所示。

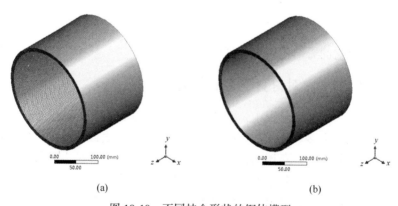

图 10-10　不同挂金形状的钢体模型

（a）螺纹结合面钢体模型；（b）平面结合面钢体模型

10.2.2 模型的加载

由 10.1 节中的模拟结果可知，摩擦力对衬套的影响比较小，所以在比较不同挂金表面的应力分布时，忽略油膜摩擦力的影响。油膜压力的加载过程和过盈配合的设置与 10.1.2 节中的步骤一致，这里不再赘述。

10.2.3 模拟结果与讨论

通过设置过盈配合和加载油膜压力，不同挂金表面衬套的模拟结果如图 10-11 和图 10-12 所示。

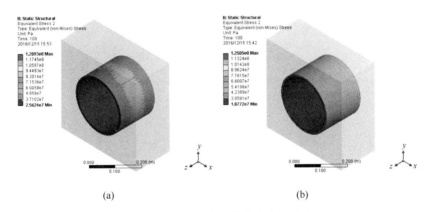

(a)   (b)

图 10-11　不同结合面衬套应力图对比

（a）平面结合面衬套应力图；（b）螺纹结合面衬套应力图

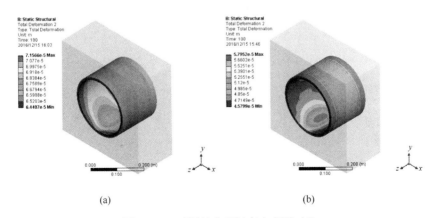

(a)   (b)

图 10-12　不同结合面衬套应变图对比

（a）平面结合面衬套应变图；（b）螺纹结合面衬套应变图

由图 10-11 可知，衬套的螺纹结合面整体应力值相比平面结合面偏小，最大应力值与最小应力值也比平面结合面为小。结合面为平面时，衬套外表面的应力在周向产生波动；结合面为螺纹面时，外表面的应力在轴向产生波动，这是由螺纹结合面造成的。从图 10-11 中平面结合面衬套的应力图中可知，最大应力位置在结合面边界处，而通过螺纹结合面的衬套应力图可知，最大应力点在衬套结合面边界的周向分散分布。

由图 10-12 可知，平面结合面衬套和螺纹结合面衬套的应变规律相近。螺纹结合面衬套的应变比平面结合面小。平面结合面在过盈配合时产生的边界效应比螺纹结合面更加明显。

对衬套的结合面应力图进行观察，如图 10-13 所示。

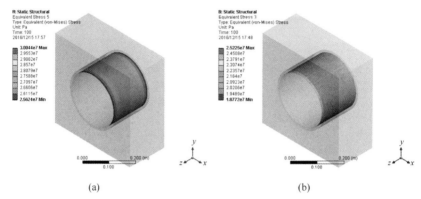

图 10-13　不同衬套结合面应力图对比

（a）平面结合面应力图；（b）螺纹结合面应力图

从衬套结合面处的应力图可知，螺纹结合面的应力小于平面结合面，且螺纹结合面上的应力分布更均匀。结合面两端处的应力都比中间部分大，此现象是衬套与轴承座过盈配合产生的边界效应造成的。

从衬套侧面研究其周向受力情况，如图 10-14 所示。

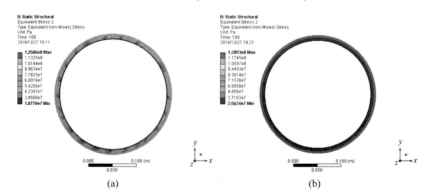

图 10-14　不同挂金形状衬套端面应力图

（a）螺纹面结合应力侧面图；（b）平面结合面应力侧面图

从衬套侧面应力图可知，螺纹结合面衬套的钢体和巴氏合金结合面处呈现多个应力集中点，在平面结合面衬套的钢体与巴氏合金结合面中没有出现。应力集中对衬套的结合是不利的，界面处的应力集中更容易使衬套边界处产生裂纹。

为了便于观察，提取承载区 $x=0$ 结合面处的应力数据，对光面结合面和螺纹结合面的应力进行对比。对比结果如图 10-15 所示。

通过图 10-15 可知，挂金形状不同时，结合面处的应力值大小差别较大，应力沿轴向位置的分布规律比较接近。平面结合面时，应力值约为螺纹结合面的 5 倍。结合面为螺纹面时，结合面处的应力值较小，界面的结合性能更好。提取衬套承载区边界部分 $x=0$、$z=0$ 沿径向分布的应力数据，对光面结合面和螺纹结合面进行对比。

对比结果通过图 10-16 可知，螺纹结合面和平面结合面衬套径向的应力分布规律比较相似。当径向距离 $R=112.1\text{mm}$ 时，此处为衬套的钢体和巴氏合金的结合面，结合面两侧的应力不相等，此现象可以从界面力学角度来解释。由于所谓的界面是指材料内的物性间断或不连续面，在界面的两侧材料的物性截然不同，因此在平行于界面（曲面界面时为其切平面）的方向上，界面两侧的正应力一般都是不连续的，此为界面的不连续性。

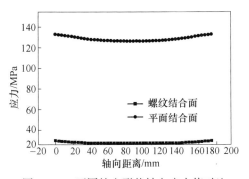

图 10-15　不同挂金形状轴向应力值对比

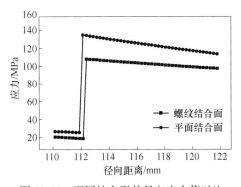

图 10-16　不同挂金形状径向应力值对比

由于结合面两侧为两种材料构成，所以界面两侧的应力不同。从图中可知平面结合面的整体应力都大于螺纹结合面的应力。平面结合面的界面两侧的应力差值约为 93MPa，螺纹结合面的界面两侧的应力差值约为 80MPa。此处的应力奇异性对于界面结合性能的影响很大，不利于界面的结合，容易导致界面裂纹的产生。故螺纹面挂金形状更有利于衬套的钢体基体与巴氏合金层的结合，使其不容易产生裂纹而导致破坏。

10.3　不同合金层厚度对衬套结合性能的影响

在第 4 章中，通过分子动力学模拟，从微观角度研究了巴氏合金层厚度对衬套结合性能的影响。本节通过有限元方法，研究不同巴氏合金层厚度衬套在工作中的应力分布，从应力分析方面研究巴氏合金层厚度对衬套结合性能的影响。

　　根据大型油膜轴承实验台所使用的油膜轴承衬套和实际衬套中的巴氏合金层的厚度数据，确定了一组巴氏合金层厚度：1.5mm、2.0mm、2.5mm、3.0mm。分别建立不同巴氏合金层厚度的衬套模型，并按照同样的方法进行加载和过盈配合的设置。巴氏合金层厚度发生变化，会导致油膜厚度发生变化，从而导致油膜压力发生变化[42]。

　　为简化衬套巴氏合金层厚度的研究，忽略合金层厚度变化对油膜压力的影响，对各厚度巴氏合金层的衬套进行相同的油膜压力加载。模拟结果如图 10-17、图 10-18 所示。

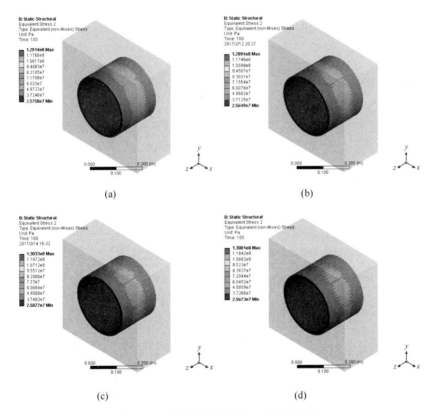

(a)　　　　　　　　　　　　　　(b)

(c)　　　　　　　　　　　　　　(d)

图 10-17　不同厚度巴氏合金衬套应力图
（a）巴氏合金层厚度为 1.5mm；（b）巴氏合金层厚度为 2mm；
（c）巴氏合金层厚度为 2.5mm；（d）巴氏合金层厚度为 3mm

　　从图 10-17 可知，随着衬套巴氏合金层厚度的变化，衬套的最大应力也发生了改变，但改变的幅度不大。衬套的应力分布规律也基本相同，没有发生较大的改变。从图 10-18 可知，随着衬套巴氏合金层厚度的增大，衬套的最大应变值也随之增加，但衬套的应变的分布规律基本相似。巴氏合金层厚度对于衬套中的最大应力和应变有一些影响，但影响较小，对衬套中应力和应变分布规律的影响也较小。

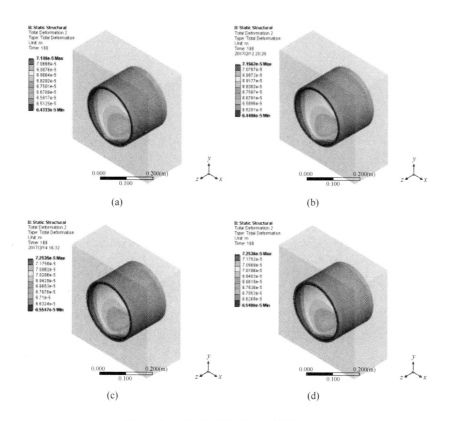

图 10-18　不同厚度巴氏合金衬套应变图

（a）巴氏合金层厚度为 1.5mm；（b）巴氏合金层厚度为 2mm；

（c）巴氏合金层厚度为 2.5mm；（d）巴氏合金层厚度为 3mm

为了清晰地观察衬套巴氏合金层厚度对其应力和应变的影响，提取承载区 $x=0$ 结合面处的数据，对于不同厚度巴氏合金层衬套结合面的应力进行对比。对比结果如图 10-19 所示。

从图 10-19 可知，不同厚度巴氏合金层在结合面处轴向应力值的分布趋势基本相同，巴氏合金层厚度为 2.5mm 时衬套结合界面的应力值最大，厚度为 2.0mm 时衬套结合界面的应力值最小。厚度为 1.5mm 和 2.0mm 时，衬套结合面处的应力值大小相近；厚度为 2.5mm 和 3.0mm 时，衬套结合面处的应力值大小相近。从总体上对比可知，巴氏合金层厚度增大时，结合面处的应力大小也随着增大，适当减小巴氏合金层厚度有利于提高衬套界面的结合性能。

　　分析衬套承载区边界部分 $x=0$、$z=0$ 处沿径向分布的应力，不同巴氏合金层厚度的衬套沿径向的应力值对比如图 10-20 所示。从图 10-20 可知，不同厚度的巴氏合金层衬套的径向应力值大小的分布趋势基本相同。随着合金层厚度增加，衬套的径向应力值基本不发生变化，不同巴氏合金层厚度的衬套应力值比较相近。由此可得，巴氏合金层厚度对于衬套径向应力的大小和分布规律影响很小。

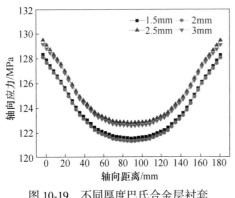

图 10-19　不同厚度巴氏合金层衬套
轴向应力对比

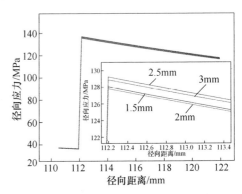

图 10-20　不同厚度巴氏合金层衬套
径向应力对比

　　对比图 10-19、图 10-20 和图 10-15、图 10-16 可知，相对于挂金形状因素对衬套应力场的影响，巴氏合金层厚度对于衬套应力场的影响较小。相比而言，挂金形状对于衬套结合性能的影响更大。

11 油膜轴承衬套结合界面分子动力学模拟

分子动力学可以从微观尺度进行模拟计算，适用于复合材料衬套结合性能的微观分析。以巴氏合金与钢体复合材料衬套为研究对象，应用分子动力学方法对其复合材料界面进行模拟计算，从分子层面研究不同材料间的界面结合能，找出获得最大界面结合能的条件。通过对界面结构进行能量计算，研究其结合机理，从微纳层面改进衬套制造工艺。

11.1 分子动力学模型

以锡基巴氏合金衬套为研究对象，应用分子动力学软件 Materials Studio 对有无锡层界面的结合能进行模拟分析，计算有锡层和无锡层的情况下，衬套钢体和巴氏合金的界面结合能，找出可以达到最佳结合性能的条件，得出镀锡层对于界面结合性能的影响。

11.1.1 模型的构建

选定 Materials Visualizer 模块构建模型，需要了解晶体结构的一些参数，包括晶体的空间群、晶格参数和晶体内原子的坐标。其相关参数可以在数据库 ICSD 中选取，模拟材料的晶胞参数见表 11-1[43]。

表 11-1　材料晶胞结构参数

材　料		钢体	锡（Sn）	巴氏合金
空间群		CMC21	FD-3M	P63/MMC
晶　系		正交晶系	正交晶系	六方晶系
晶胞长度 /nm	a	1.0108	0.6491	0.4217
	b	0.7998	0.6491	0.4217
	c	0.7546	0.6491	0.5120
晶胞角度 /(°)	α	90	90	90
	β	90	90	90
	γ	90	90	120

利用 Build Crystals 工具建立钢体和巴氏合金的晶胞结构，使用 Add Atoms 工具按照原子的坐标对原子进行逐个添加。材料锡（Sn）可以通过软件的材料库

直接导入。

　　晶胞结构构建完成后对晶胞进行切面。切面选择的一般原则是对低指数面即界面能最低的面进行切面。选用 Cleave Surface 工具对各个晶胞进行简单切面。对钢体、中间锡层、巴氏合金层，分别沿（１００）面切开。为使构建界面时尺寸相近，不至于产生较大的误差，将钢体的晶胞扩展为 2×2×1 的超晶胞，将锡的晶胞扩展为 3×3×1 的超晶胞，将巴氏合金的晶胞扩展为 4×4×1 的超晶胞。构建好的各晶胞结构见图 11-1。

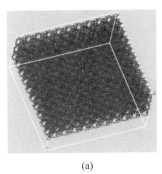 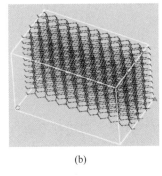 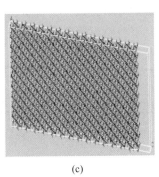

(a)　　　　　　　　　　　(b)　　　　　　　　　　　(c)

图 11-1　晶胞结构

（a）30(001)面晶胞结构；（b）Sn(100)(001)面晶胞结构；（c）11-6(100)面晶胞结构

　　使用 Build Vacuum Slab 工具将得到的 2D 结构改为 3D 结构，真空层厚度设为 0.15nm。在 Discover Setup 工具 Typing 功能下对晶胞中所有原子赋予力场。COMPASS 力场是第一个由凝聚态性质以及孤立分子的各种从头算和经验数据等参数化并验证的从头算力场，应用 COMPASS 力场能够在较大温度、压力变化区域内准确地推测出凝聚态体系或孤立体系中各粒子构象和结构等性质。

　　构建好钢体、锡层、巴氏合金的超晶胞，用 Discover 工具中的 Minimizer 分别对建立好的晶胞结构表面进行能量最小化来优化表面结构。注意在优化之前，需要检查系统中的原子有没有受到力场的作用，若无力场作用，需要通过手动添加力场，在 Properties Explore 菜单下选择 Forcefield Type 改变其力场。如果力场没有分配好，几何结构优化 Minimizer 可能无法顺利进行，Minimizer 通过优化系统的结构使其达到最稳定的构型，使得在后续的动力学模拟时能量波动变小，收敛时间更短[44]。

　　利用 Build Layer 工具对表面能量最小化后的各层晶体结构按照一定的顺序和方向进行放置，先放置基体层，即钢体晶胞结构层，依次放置锡晶胞结构层和巴氏合金晶胞结构层。放置过程中要调整各晶胞结构放置的方向，使界面结构中异种金属优化后的面相互接触，使其更接近界面结构中各金属界面结合的情况。再通过调整各层界面之间的距离，即在各层金属结构之间设置真空层厚度，以防止各金属层之间距离大于截断半径。当各层界面结构之间的间隔超过截断半径时，各层金属间的相互作用将不再计算，无法正确给定结合能。

界面结构可以通过 Layer Detials 菜单栏进行调整。分别建立钢体和巴氏合金，钢体、锡层和巴氏合金所组成的两层和三层界面结构，如图 11-2 （a）和（b）所示。

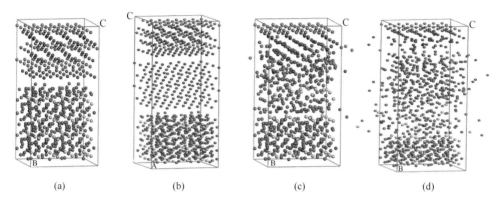

(a)   (b)   (c)   (d)

图 11-2   界面结构分子模型与平衡结构

（a）无锡层界面结构；（b）有锡层界面结构；（c）无锡层界面平衡结构；（d）有锡层界面平衡结构

11.1.2   表面优化

优化表面需要使用分子力学使其能量最小化，所有模拟计算都在 Discover 模块中进行。当 Discover 程序运行时，原子力场类型都会在计算前被自动计算。模拟要得到的是界面结合能，只有表面上层的少数原子会和聚合物发生相互作用，其他的原子只作为体相的一部分被考虑，因此影响较小，可以选择不优化，将其体相原子固定。

选择表面两层以下的所有原子，将体相原子固定。之后对表面进行优化。能量最优化计算方法选取 Smart Minimizer 方法，该方法自动结合其他方法的特征。Smart Minimizer 法以 Steepest Descent 法开始，接着用 Conjugate Gradient 法，最后用 Newton Methods 法。考虑计算量和计算速度，收敛水平选 Fine，最大迭代步骤选 10000 步。

11.1.3   模拟方法

动力学计算前，先对构建好的界面结构中远离界面的原子层进行固定，因为只有表面上层的少数原子会发生相互作用。Molecular Dynamics 采用恒定原子数、恒定体积、恒定温度的正则系综（NVT），由文献［2］得出结合能最大时的温度为 512K，故环境温度设置为 512K，温度控制方法选用 Andersen 算法。计算过程中的温度能量等变化的信息自动保存到输出文件，并输出界面结构经过分子运动平衡后的界面分子结构，如图 11-2（c）和（d）所示。最后，再对平衡后的界面结构进行能量计算。

11.1.4　界面结合能数学模型

界面结合强度可由界面结合能的大小衡量。界面结合能越大，破坏界面所需做的功就越多，其界面结合性能越好，界面结合就越牢固。因此，可以利用界面结合能的情况来评价界面的结合性能。

由文献［45］提出的结合能计算方法和三层材料界面结构的计算式，定义界面结合能为界面两种物质之间的相互作用能，即 $E_{\text{Binding}} = E_{\text{Interaction}}$。计算两层材料结合能的公式为：

$$E_{\text{Interaction}} = E_{\text{Total}} - (E_{\text{Steel}} + E_{\text{Babbitt}}) \tag{11-1}$$

由于上述公式为计算两层材料时的公式，对钢体、锡层、巴氏合金三层材料计算时，不能直接利用以上公式。

对于结合能计算的原理进行分析可得：

$$E_{\text{Interaction3}} = E_{\text{Sn}} + E_{\text{Interaction1}} + E_{\text{Interaction2}} \tag{11-2}$$

式中，$E_{\text{Interaction3}}$ 为三层结构界面总的相互作用能，kJ/mol；E_{Sn} 为三层结构除去钢体和巴氏合金的单点能，kJ/mol；$E_{\text{Interaction1}}$ 为巴氏合金和锡层两层结构的相互作用能，kJ/mol；$E_{\text{Interaction2}}$ 为钢体和锡层两层结构的相互作用能，kJ/mol。

由两层界面结构的计算公式可得出：

$$E_{\text{Interaction1}} = E_{\text{Total1}} - (E_{\text{Babbitt}} + E_{\text{Sn}}) \tag{11-3}$$

式中，E_{Total1} 为巴氏合金与锡两层结构的总能，kJ/mol。

$$E_{\text{Interaction2}} = E_{\text{Total2}} - (E_{\text{Steel}} + E_{\text{Sn}}) \tag{11-4}$$

式中，E_{Total2} 为钢体和锡两层结构的总能，kJ/mol。

将式（11-3）和式（11-4）代入式（11-2）可得：

$$E_{\text{Interaction3}} = E_{\text{Total1}} + E_{\text{Total2}} - (E_{\text{Babbitt}} + E_{\text{Steel}} + E_{\text{Sn}}) \tag{11-5}$$

另有：

$$E_{\text{Total3}} = E_{\text{Total1}} + E_{\text{Total2}} - E_{\text{Sn}} \tag{11-6}$$

式中，E_{Total3} 为巴氏合金层、锡层、钢体层三层界面结构的总能量，kJ/mol。

由式（11-5）和式（11-6）得出：

$$E_{\text{Interaction3}} = E_{\text{Total3}} - (E_{\text{Babbitt}} + E_{\text{Steel}}) \tag{11-7}$$

三层界面结构计算界面结合能的算式和两层界面结构计算界面结合能的算法相同，计算三层材料界面结构时，将中间层材料锡（Sn）看作钢体层与巴氏合金层的"结合界面层"或"过渡层"，故在计算两层材料和三层材料的界面结合能时，可统一使用式：

$$E_{\text{Interaction}} = E_{\text{Total}} - (E_{\text{Steel}} + E_{\text{Babbitt}}) \tag{11-8}$$

式中，$E_{\text{Interaction}}$ 为界面结构中多层材料的相互作用能，kJ/mol；E_{Total} 为界面结构中多层材料的总能量，kJ/mol；E_{Steel} 为界面结构去除锡层和巴氏合金层后的能量，kJ/mol；E_{Babbitt} 为界面结构去除钢体层和锡层后的能量，kJ/mol。

由以上推导有：

$$E_{\text{Interaction}} = E_{\text{Total}} - (E_{\text{A}} + E_{\text{B}}) \tag{11-9}$$

可推广为计算其他两层或者三层界面结构的结合能。式中，E_{A}、E_{B} 分别为界面结构中边界两种材料的能量，kJ/mol。

11.1.5　界面结合能模拟步骤

计算能量时需要将整个结构中原子的约束去除。将界面结构中的所有原子选中，把结构中的所有约束去除。之后对整个结构进行能量计算。

（1）选中需要计算的界面结构中的原子，打开 Discover 模块进行计算。计算完成后，得到能量计算结果。

（2）计算界面结构中的钢体层或者巴氏合金层的能量时，需要在界面结构分子动力学模拟后的轨迹文件中，去除另一种材料的原子，去除以后将轨迹文件另存，然后对其中的原子进行能量计算。

（3）将计算得到的各部分材料能量按照式（11-1）对界面结构的界面结合能进行计算，得出界面结构中各材料之间相互作用的能量，进而得出界面结构的结合能。

11.1.6　模拟结果分析

生产实践中，钢套厚度与巴氏合金层的厚度存在至少两个量级的差别，巴氏合金层的厚度在 2mm 左右，中间镀锡层的厚度在 100μm 左右。在分子动力学模拟的能量优化中，可以看到发生界面作用的仅为表面几层原子，因此，比例设置中，仅从锡层与巴氏合金层的比例设置来找寻最佳的比例搭配，也就是最佳的镀锡层厚度，获得最大的界面结合能，同时以此来指导试验研究，验证镀锡层最佳厚度是否对应最大结合强度。

锡层与巴氏合金层比例设置有：1∶20、1∶25、1∶40、1∶50、1∶80、1∶100、1∶150、1∶200；再设置三组特殊比例有：1∶1、1∶5、1∶10。再根据表 11-1 晶格参数，通过构建不同的超晶胞，获得比例设置。特别说明，钢套厚度始终为 10 个晶胞的厚度。

钢套与巴氏合金之间普遍形成共价键体系，对界面结构进行分子动力学模拟后，计算模拟结果中稳定界面结构的能量。分别对两层、三层即有无锡层界面结构的能量进行计算，得到无锡层界面结构中两层材料的总能量、无锡层界面结构中钢体层的能量、无锡层界面结构中巴氏合金层的能量、有锡层界面结构中三层材料的总能量、有锡层界面结构中钢体层的能量、有锡层界面结构中巴氏合金层的能量。计算结果如表 11-2 所示。

表 11-2　不同界面结构能量[46]

界面类型	$E_{Total}/kJ \cdot mol^{-1}$	$E_{Steel}/kJ \cdot mol^{-1}$	$E_{Babbitt}/kJ \cdot mol^{-1}$	$E_{Binding}/kJ \cdot mol^{-1}$
无锡界面	19985104.45	13773592.06	4036087.94	2175424.44
有锡界面	22782734.21	15566186.61	4829873.41	2386674.18

为了更直观地观察比较，用柱状图来表示。如图 11-3 所示。

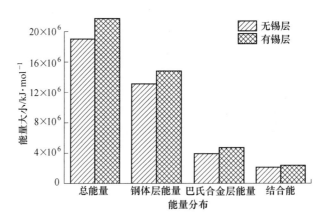

图 11-3　不同界面结构能量

计算结果显示，有锡层时的界面结合能稍大于无锡层时的结合能。从表中可以得出有锡层的界面结合能比无锡层的结合能大 10%。得出有锡层钢体和巴氏合金的结合性能更好，更不容易被破坏。

由此模拟计算结果可知，在一定的制造工艺下，衬套有锡层界面的结合性能与无锡层界面的结合性能差别较小。由于改进了油膜轴承的制造工艺，无锡层的衬套可以达到与有锡层衬套相类似的结合性能。可见模拟结果与实际情况相一致。

从宏观角度钢体镀锡层可以起过渡作用，镀锡层能缓和钢体和合金层之间由于成分突变而引起的应力集中，有利于减少界面物理性能的突变，使巴氏合金层和钢体层更好地结合。从界面分子平衡结构图 11-2 可以看出有锡层的界面结构的原子扩散厚度更大。锡层中的二价亚锡离子对于巴氏合金层中的锡原子和钢体层中的铁原子有比较强的吸附能力。可见分子动力学模拟的结果与宏观的结论相一致，其结果对于生产实践有一定的指导意义。

对于不同的界面进行能量分析，各类型界面能量组成如表 11-3 所示。

表 11-3 界面能量组成

界面类型	非键结能/kJ·mol⁻¹		约束能/kJ·mol⁻¹
	范德华能	静电能	
无锡界面	592189.38	19394130.30	−1215.24
有锡界面	863446.51	21920855.68	−1567.99

用柱状图来表示界面结构的能量组成，如图 11-4 所示。

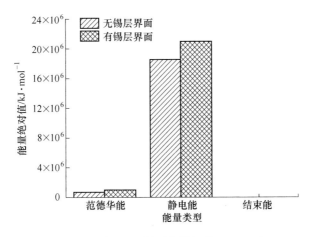

图 11-4 界面能量组成

巴氏合金层之所以能够与钢体基底结合在一起，原因在于两者原子间存在着相互作用力，主要为范德华力和静电力。由图 11-4 可以看出界面之间分子存在着互相作用能，主要为范德华能和静电能，且静电能比范德华能大很多，约束能比较小可以忽略。对最终的界面结合能分析得出，影响界面结合能的主要因素是非键能。

11.2 合金层厚度对结合性能的影响

油膜轴承巴氏合金层的厚度范围为 0.125~9.23mm，通常巴氏合金层厚度大多在 2.5mm 左右。轴承材料的轻量化和巴氏合金层厚度的减薄已经成为油膜轴承工艺改进的重要方向。目前缺乏从微观层面研究巴氏合金层厚度对结合性能的影响。基于分子动力学方法研究巴氏合金层厚度对于结合性能的影响，从而得出确定巴氏合金层厚度时需要考虑的相关参数。

11.2.1 模型的构建

选定软件 Materials Studio 中的 Materials Visualizer 模块构建模型。按照表 11-1 给出的详细参数建立巴氏合金和钢体的晶胞结构，构建出的晶胞结构如图 11-5 所示。

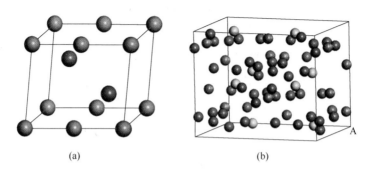

图 11-5　原晶胞结构

（a）巴氏合金晶胞结构；（b）钢体晶胞结构

　　晶胞构建过程中，晶胞中某些原子的占位比不为 1，即此原子在该位置出现的概率不为 1，该位置有可能出现其他原子。从图 11-5（a）中可以看出巴氏合金晶胞显示只有两种原子，巴氏合金中主要的原子有三种，分别是 Sn、Sb、Cu。造成上述情况的原因为原子的占位比不等于 1，则构建的晶胞在模拟过程中会造成一些元素的原子未能参加模拟过程。因此通过原晶胞来构造超晶胞时，需要按照各元素的原子的占位比，对一些元素的原子进行手动替换。在超晶胞中选中所需要替换的原子，选择需要替换的元素即可完成原子的替换，使其符合原子占位比的情况。

　　为使在构建界面时尺寸相近，不至于产生较大的误差，并且基于超晶胞中的原子体现出不同元素原子占位比的情况，将巴氏合金的原晶胞扩展为 6×5×1 的超晶胞，将钢体的原晶胞扩展为 2×2×1 的超晶胞。对于钢体的超晶胞进行（１００）切面。将切面后的 2D 结构改为 3D 结构，选择 Thickness 为 3.0，则钢体层实际厚度为 3.0324nm，使钢体与实际情况相类似，相对于巴氏合金层厚度而不影响模拟的结果。真空层厚度选择为 0.3nm。

　　对巴氏合金的超晶胞切面后，将切面后的 2D 结构改为 3D 结构。然后调整巴氏合金层的厚度分数，得到巴氏合金层的不同厚度。通过分析巴氏合金切面后的结构，进行厚度 Thickness 设置时，分别设置不同厚度的巴氏合金层，这些数据为晶胞结构的厚度分数，对应实际情况下不同厚度的巴氏合金层。此厚度根据巴氏合金晶胞切面后，每层原子间的距离确定，然后逐渐根据原子层数的增加来改变巴氏合金层厚度，同样设置真空层厚度为 0.3nm。

　　将得到的晶胞结构进行力场的分配，对晶胞中所有原子赋予力场，选择软件内置的 COMPASS 力场，通过 Discover 中定型引擎的基本规则来进行自动原子定型，对晶胞结构中的每个原子进行力场的分配，对原子赋予相应的力场，接着对原子力场进行分配。需要原子力场中的价态与原子价态相同。

选择 Vdw&Coulomb，对范德华力和库仑力都进行选择，接下来 Minimizer 优化原子位置时会更加精确。为使计算量较少，文中选择 Atom Based 计算方法，截断半径（Cutoff Distance）选择默认值 0.95nm。

用 Discover 工具分别对分配好力场的晶胞结构表面进行能量最小化来优化表面结构。优化前需要删除原子之间的键，固定底部的原子，只对表面几层原子进行表面优化，以达到表面能量最小化。然后进行界面的构建。将表面优化后的巴氏合金层和钢体层构建在一个盒子里形成界面。调整巴氏合金层和钢体层的方向，使经过优化后的表面形成结合界面。

11.2.2　模拟方法

模拟方法与 11.1.3 节介绍的模拟方法相同，先用能量最优化计算方法优化其表面。在动力学计算前先对构建好的界面结构远离界面的几层原子进行固定，采用 NVT 正则系综，开始系统温度设置为 500K，温度控制方法选用 Andersen 算法。经过计算保存输出文档，接着对计算平衡后的构象进行能量计算。

11.2.3　界面结合能计算

利用 11.1.4 节中的算式来计算不同厚度巴氏合金层和钢体构成的界面结构的结合能。

$$E_{\text{Interaction}} = E_{\text{Total}} - (E_{\text{Steel}} + E_{\text{Babbitt}}) \tag{11-10}$$

计算所有能量时，需要将整个结构中原子的约束去除。

11.2.4　模拟计算结果

对不同厚度巴氏合金层所构成的界面结构进行模拟，计算结果如表 11-4 所示。

表 11-4　不同巴氏合金层厚度时的界面结构能量

巴氏合金层厚度/nm	0.8521	1.3391	1.7043	2.0695	2.313
界面总能量 E_{Total}/kJ·mol^{-1}	17214592.844	18755309.832	19985104.446	21252152.722	21611215.573
巴氏合金层的能量 E_{Babbitt}/kJ·mol^{-1}	1722910.071	2917344.379	4036087.947	5353953.401	6031631.291
钢体层的能量 E_{Steel}/kJ·mol^{-1}	13993699.933	13687524.964	13773592.070	13844582.609	13795073.876
界面结合能 E_{Binding}/kJ·mol^{-1}	1497982.838	2150440.492	2175424.432	2053616.712	1784510.413

用柱状图表示不同厚度下界面结构的能量，如图 11-6 所示。

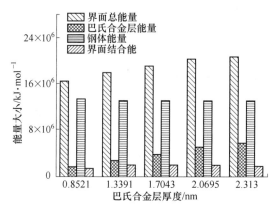

图 11-6　不同巴氏合金厚度界面结构能量

表 11-5　不同厚度巴氏合金层的界面结合能

巴氏合金层厚度/nm	0.8521	1.3391	1.7043	2.0695	2.313
界面结合能 E_{Binding} /kJ·mol^{-1}	1499433.46	2150055.51	2175079.42	2053963.63	1784706.22

综合表 11-4 和表 11-5 中的数据，得到以下结论：

（1）随着界面结构中巴氏合金层厚度的增加，界面结构的总能量随之增加，且巴氏合金层的能量也随着厚度的增加而增加。界面结构中钢体层的能量随着巴氏合金层厚度变化发生了无规律的变化。

（2）在界面结合能的能量构成中，键伸缩能对体系的能量贡献最大，其次是范德华能和键角弯曲能，键扭转能可忽略不计。为了提高计算速度，让界面处原子发生小幅度的松动，其他层原子固定作为整体，因此限制能可不予考虑分析。

（3）在界面总相互作用能的能量构成中，巴氏合金和锡界面相互作用能大约是钢和锡界面相互作用能的 2 倍，表明黏结层（镀锡层）与工作层（巴氏合金层）的结合强度大于黏结层与基体（钢）的结合强度。

（4）从表 11-5 可以看出，随着界面结构中巴氏合金层厚度的变化，界面的结合能也相应发生了变化。从图 11-7 可以更加直观地得出变化的规律。

从图 11-7 可知，界面结合能随着界面结构中巴氏合金层厚度的增加先增大后减小。界面结构中巴氏合金层厚度为 1.7043nm 时，界面的结合能最大为 2.173×10^6 kJ/mol。

（5）通过对不同厚度巴氏合金层的界面结构进行分子动力学模拟，可知巴氏合金层厚度并非越薄结合性能就越好，也并非越厚结合性能就越好，而是存在一个中间最优的厚度值，使巴氏合金与钢体的结合性能最佳。

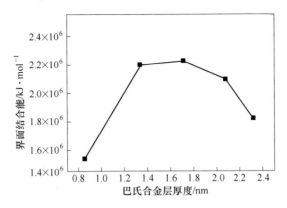

图 11-7 不同巴氏合金厚度界面结合能

12　巴氏合金/钢体焊接试件微观试验

《《《

　　油膜轴承最薄弱部位是衬套巴氏合金与基体的结合界面。为了提高衬套的使用寿命，对其结合界面进行微观试验研究。以焊接工艺下的巴氏合金为试件，从微观层面分别进行组织金相观察试验（SEM）、X射线能谱仪试验（EDS）和X射线衍射试验（XRD）。通过结合界面的微观组织、元素分布以及物相分析，研究巴氏合金焊接工艺下的结合机理。

12.1　试验材料制备

　　参照 ISO 4386-2：2012：Plain bearings—Metallic multilayer plain bearings—Part 2：Destructive testing of bond for bearing metal layer thicknesses greater than or equal to 2 mm，文中所用试样尺寸、公差、粗糙度等技术要求见图6-1，试件加工的几何尺寸和公差范围见表6-1。材料化学元素组成成分（质量分数）见表12-1。

表 12-1　材料化学元素组成成分（质量分数）　　　　（%）

材　料	主　要　组　分		
20 Steel	余量 Fe	0.35~0.65Mn	0.17~0.24C	0.17~0.37Si
ZSnSb8Cu4	余量 Sn	4~5Cu	7~8Sb	0.35Pb
ZSnSb11Cu6	余量 Sn	6~7Cu	11~12Sb	0.35Pb

12.2　结合界面组织金相观察试验

12.2.1　金相观察试验设备与试验过程

　　（1）切割试件：使用线切割机床（DK7750）将试件沿结合界面加工成10mm×10mm×5mm 小试件，分别编号保存。

　　（2）磨金相：

　　1）使用 MPD-2 双盘式金相磨抛机（图12-1）磨抛金相。首先使用400CW砂纸磨掉观察表面氧化层，使用 MDS 型金相显微镜（图12-2）观察不存在氧化层后，将试件旋转90°，然后依次更换 800CW、1200CW、1500CW、2000CW、3000CW砂纸。必须经过显微镜观察确定上一道划痕完全不存在方可更换砂纸，每次更换砂纸后都要将试件旋转 90°，并用清水冲洗干净，避免上一道磨屑对下一道抛磨造成不良影响。

图 12-1　MPD-2 金相磨抛机

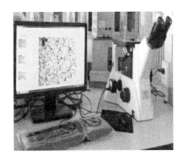

图 12-2　MDS 型金相显微镜

2）更换 3000CW 砂纸后，使用 MDS 型金相显微镜观察试件表面无明显粗、深划痕后，更换抛光布，使用 1.5μm 金刚石喷雾抛光剂辅助抛光，直到在显微镜下试件表面没有任何划痕为止。

（3）腐蚀试件：由文献［47］可知，使用 4% 的硝酸酒精溶液作为腐蚀液。由于巴氏合金与 20 钢对硝酸的耐腐蚀性差别很大，所以对相互结合的两种材料要分别腐蚀。经过多次试验得出，腐蚀巴氏合金层，宜用镊子夹住棉花球蘸浸腐蚀液，轻轻地在试件表面擦拭 30s 左右，待巴氏合金表面变成灰色，停止腐蚀；腐蚀 20 钢层需要 10s 左右。腐蚀完成，用酒精清洗干净，并用吹风机吹干，按顺序放入自封袋中，防止氧化。

（4）金相观察：使用 VHX-2000C 型超景深显微镜观察试件焊接界面组织金相，VHX-2000C 型显微镜见图 12-3。VHX-2000C 型显微镜能够实现观测、拍照、测量等基本分析功能。

12.2.2　金相观察试验结果与分析

巴氏合金作为重要的轴承合金，具有摩擦小、承载能力大、耐磨性好等突出的优良性质。这些性能与巴氏合金自身独特的组织有密不可分的关联，其组织特点为软的 α 相（Sn）基体上镶嵌着

图 12-3　VHX-2000C 型
金相显微镜

硬脆的 ε 相（Cu_6Sn_5）和 β 相（SnSb）。其中，Cu_6Sn_5 可呈现针状、星状、点状、羽毛状，SnSb 为方块状。

据已有经验可知[48]，ZSnSb8Cu4 巴氏合金中的硬脆相多为 ε 相；ZSnSb11Cu6 巴氏合金中的 ε 相和 β 相都会存在，而且呈现相间均匀分布。合金中硬脆的 ε 相和 β 相都能提高巴氏合金硬度、承载能力和耐磨性。当 β 相过分粗大并相互连接时，容易导致巴氏合金变脆。在滑动速度比较大的工况下运行时，

β 相较大可以提高合金寿命[49]。

　　使用 VHX-2000C 型超景深显微镜，分别观察 100 倍、200 倍、300 倍、500 倍下试件结合界面处的组织金相，结果如图 12-4 所示。由图 12-4 （a）~（d）可以看出，巴氏合金组织为软的 α 相（Sn）镶嵌着针状、点状的硬脆的 ε 相（Cu_6Sn_5），与传统离心浇铸工艺下的巴氏合金组织分布规律类似。由图 12-4 （d）可以看出，在结合界面处有明显的一条白色过渡带，即其他复合材料所定义的过渡层。目前为止，还没有任何文献提到巴氏合金与钢体结合的过渡层组成成分及其形成机理。铁和液体锡在一定条件下可能生成的化合物有 FeSn、$FeSn_2$ 和 $FeSn_3$，并且通过 XRD 试验证明生成的化合物中主要是 $FeSn_2$。通常，巴氏合金中锡的含量超过了 80%，在焊接过程中，会产生大量的液态锡。因此，可以推定巴氏合金与钢体结合的过渡层中的主要化合物是 $FeSn_2$。要想确定该过渡层化合物的具体成分，需要进一步对该过渡层进行 X 射线能谱分析、X 射线衍射分析等。

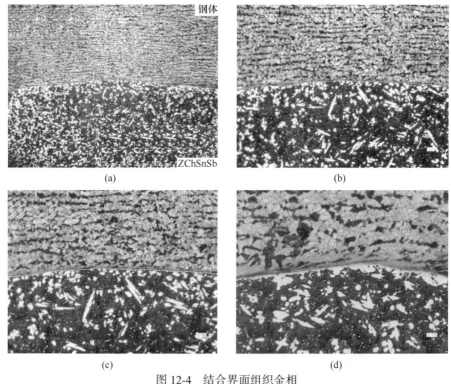

图 12-4　结合界面组织金相

(a) 100×；(b) 200×；(c) 300×；(d) 500×

　　巴氏合金层较软的 α 相为黑色，硬脆的 ε 相和 β 相为白色。VHX-2000C 型超景深显微镜自带测量功能，根据观察界面亮度的不同，分别测量不同亮度在观察区域的面积。随机选择一区域，测得巴氏合金层 ε 相和 β 相的总面积结果见图 12-5。随机选择另外两处不同区域分别测量，统计结果见表 12-2。

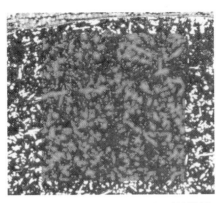

图 12-5　ε 相和 β 相的总面积测量结果

(本章节所使用的巴氏合金牌号为 ZSnSb8Cu4；图中上部分材料为 20 钢层，下部分材料为巴氏合金层)

表 12-2　不同区域面积测量结果

编　号	金相数量	测量面积/μm^2	测量总面积/μm^2	面积占比/%	平均占比/%
1	1998	250530	1000000	25.05	
2	1066	258098	1000000	25.81	25.79
3	1644	265230	1000000	26.52	

硬脆相 ε 相和 β 相的面积为 12%~20% 时，摩擦系数最小。随着硬脆相所占比例适当增多，可以有效提高巴氏合金的硬度和承载能力。轧机油膜轴承的主要特点是能够承受大载荷，焊接后的巴氏合金中硬脆相 ε 相和 β 相的总面积约为25.79%，略大于最小摩擦系数的取值范围，因此可以有效改善其承载性能。

12.3　结合界面 SEM 和 EDS 试验

通过对巴氏合金与 20 钢结合界面组织金相观察试验，观察到巴氏合金通过焊接工艺与钢体结合过程中产生的过渡层，初步推测该过渡层中的主要化合物是$FeSn_2$。本节对结合界面进行 SEM 和 EDS 试验，进一步检测和分析该过渡层元素组成以及化合物种类，使用设备为ΣIGMA 扫描电镜和 ΣIGMA 能谱分析仪，设备照片见图 12-6。

12.3.1　结合界面 SEM 试验

使用扫描电镜，分别观察并拍摄 500 倍、1000 倍、2000 倍、3000 倍放大倍数下结合界面处的组织金相分布情况，结果如图 12-7 所示。

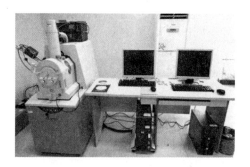

图 12-6　扫描电子显微镜

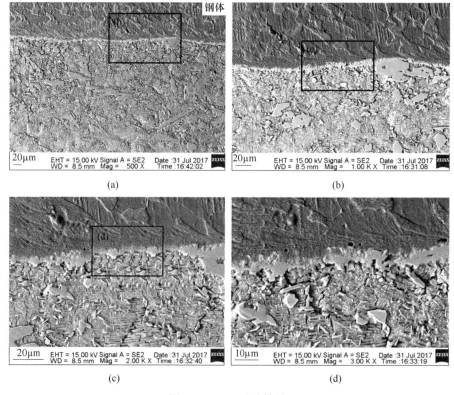

图 12-7　EDS 试验结果

（a）500×；（b）1000×；（c）2000×；（d）3000×

　　由图 12-7（a）~（d）局部逐步放大过程可以发现，巴氏合金与钢体结合时形成一条不规则的过渡层。并且观察图 12-7（c）和（d），可以看到焊接后的巴氏合金内部存在一些细小的裂痕，说明该工艺虽然能满足企业生产的强度要求，但是对提高其使用性能，仍有很大的提升空间。

12.3.2　结合界面 EDS 试验

随机选择试件结合界面某一位置进行扫描，对结合界面进行能谱分析，试验结果如图 12-8 所示。在结合界面处随机选择若干点进行点扫描，试验结果如图 12-9 所示。其中图 12-8 和图 12-9 放大倍数均为 3000 倍。

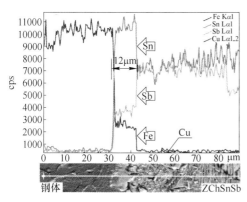

图 12-8　EDS 线扫描试验结果

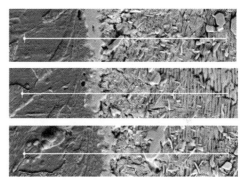

图 12-9　随机线扫描位置

从图 12-8 中可以看到，巴氏合金与 20 钢结合界面的过渡层，与超景深显微镜下观察到的规律类似。图 12-8 纵坐标表示能谱的计数率，数据值越高表明结果可靠性越高。该值虽然不能表示所测元素的实际所含质量分数，但可以清晰地反映元素质量分数的变化趋势。图中选取最主要的四种元素 Fe、Sn、Sb 和 Cu，反映从 20 钢层通过界面过渡层到巴氏合金层的元素质量分数变化规律。

综上所述，从钢体层进入过渡层 Fe 元素含量急剧降低，然后稳定在一定的范围内，与此同时，Sn 和 Sb 元素含量急剧增加到某一范围内趋于稳定；从过渡层进入到巴氏合金层，Fe 元素含量再一次急剧降低，与此同时，Sn 含量急剧降低，Sb 含量再次急剧增加，最后三种元素都趋于稳定。钢体层 Cu 元素含量变化很微弱，在过渡层中没检测到 Cu 元素的存在，在巴氏合金层 Cu 元素含量稳定在较低水平。忽略微量元素的影响，通过分析图 12-8 可以确定巴氏合金通过焊接工艺与 20 钢结合，在结合界面处产生过渡层中的主要元素是 Fe、Sn、Sb。

此外，通过观察图 12-8 横坐标，以 Fe 元素能谱计数率变化为标准，可以大致确定过渡层厚度为 11μm。另外随机选取三个位置（见图 12-9），Fe、Sn、Sb 和 Cu 四种元素所呈现的规律与上述结果一样，因此上述结果所得规律具有普遍性。统计三个随机位置的过渡层宽度，结果见表 12-3。由此得出，巴氏合金与 20 钢通过焊接工艺结合产生的过渡层宽度约为 11.5μm。

表 12-3　随机位置过渡层宽度统计

测量位置	1	2	3	4	平均值
过渡层厚度/μm	11	12	11	12	11.5

通过前述分析可知，巴氏合金与 20 钢通过焊接工艺结合所形成的过渡层中主要化合物是 $FeSn_2$，通过对过渡层元素能谱分析得出，过渡层的主要元素不仅存在 Fe、Sn，还存在一定量的 Sb，也就是说，过渡层中的物质可能是 Fe、Sn、Sb 这三种元素通过化学反应形成的化合物，也有可能是两两化合形成的化合物，此时无法确定过渡层含有物质的种类。

使用 ΣIGMA 能谱分析仪点扫描功能，能够检测出检测点位置所含元素种类及其所含质量分数。在过渡层随机选择四个位置进行检测，结果见图 12-10。

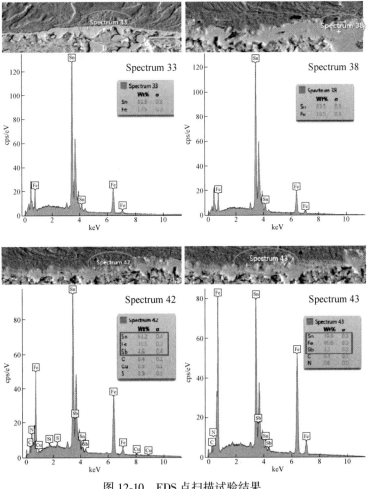

图 12-10　EDS 点扫描试验结果

图 12-10 中各点所含元素种类及其质量分数统计情况见表 12-4。

表 12-4　结合界面附近点扫描元素质量分数统计

点	元素质量分数/%			
	Sn	Sb	Fe	其他
33	82.5	0	17.5	0
38	83.5	0	16.5	0
42	63.2	4.6	31.1	1.1
43	49.9	3.1	46.6	0.4

由表 12-4 统计结果中可以看出，点 33 和 38 处仅存在 Sn 和 Fe 两种元素；点 42、43 处除了主要元素 Fe 和 Sn 外，还存在少量的 Sb 元素以及微量的其他元素。化合物 $FeSn_2$ 中，Fe 和 Sn 两种元素的质量分数比为：

$$\frac{M_{Fe}}{M_{Sn}} = \frac{55.85}{118.7 \times 2} = 0.235 \qquad (12\text{-}1)$$

取点 33 和 38 中两种元素的平均值，Fe 和 Sn 的质量分数比为：

$$\frac{S_{Fe}}{S_{Sn}} = \frac{(17.5 + 16.5)/2}{(82.5 + 83.5)/2} = 0.205 \qquad (12\text{-}2)$$

点 33 和 38 中 Fe 和 Sn 两种元素的平均质量分数与化合物 $FeSn_2$ 中 Fe 和 Sn 质量分数比非常接近。因此，可以确定在过渡层中大量存在 $FeSn_2$。由表 12-1 可知，巴氏合金中仅有 7%～8% 的 Sb 元素，在点 42 和 43 检测到 Sb 的含量都低于巴氏合金自身 Sb 的含量，可以认为过渡层中 Sb 以硬脆的 β 相（SnSb）的形式存在，巴氏合金与钢体在焊接工艺下形成的过渡层中主要是化合物 $FeSn_2$ 和少量的 SnSb。

12.4　结合界面 XRD 试验

12.4.1　X 射线衍射试验设备

选用荷兰 Panalytical Empyrean XRD 衍射仪，其主要功能是材料研究。该仪器配备多种准直器、单色谱仪，以及检测系统和高精度、多功能、五轴样品台。使用 MDI Jade 6 软件对 XRD 衍射试验结果进行分析，可以完成如下功能：物相检索、物质质量分数计算、结晶化程度计算、晶粒大小及微观应变计算、点阵常数计算、残余应力计算、RIR 计算等。

本章 12.1 节和 12.2 节中，SEM 和 EDS 试验所使用的试件表面进行简单抛磨处理后直接进行衍射试验。Panalytical Empyrean XRD 衍射仪见图 12-11。

图 12-11　Panalytical Empyrean XRD 衍射仪

12.4.2　X 射线衍射试验结果与分析

使用 MID Jade 6 软件对衍射试验结果进行分析，将所测试件图谱与 PDF 卡片库对照，对处理结果进行整理，结果见图 12-12。

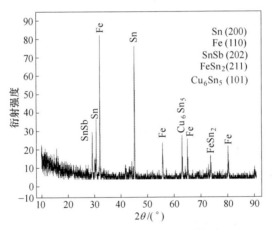

图 12-12　XRD 衍射试验处理结果

通过图 12-12 所示的分析结果可知，焊接工艺下的巴氏合金试件的横切面上主要物质为 Sn、Fe、SnSb、$FeSn_2$ 和 Cu_6Sn_5。本章 12.2 节中，通过对部分点各种元素的质量分数计算，得出巴氏合金与钢体在焊接工艺下形成的过渡层中，主要成分是 $FeSn_2$ 和少量的 β 相 SnSb。结合图 12-12 XRD 试验结果，可以确定巴氏合金与 20 钢在焊接工艺下形成的过渡层中主要成分是 $FeSn_2$。XRD 衍射试验晶胞参数见表 12-5。

根据 ISO 4386-2：2012 标准，设计了轴瓦双金属结合强度试件，并对试件进行组织金相观察试验（SEM）、X 射线能谱仪试验（EDS）和 X 射线衍射试验（XRD）。通过对结合界面的微观组织、元素分布以及元素质量分布分析，得出巴氏合金焊接工艺下与 20 钢结合过程中,产生大约 11.5μm 的过渡层,该过渡层的主要元素是 Sn、Fe、Sb,并且通过元素质量分数计算对比,初步确认过渡层的主要是化合物 $FeSn_2$ 和少量的 SnSb。

表 12-5　XRD 衍射试验晶胞参数

材料种类	晶胞长度/nm			晶胞角度/(°)			晶胞群组
	a	b	c	α	β	γ	
Sn	0.5831	0.5831	0.3182	90	90	90	141　I41/AMD
Fe	0.2861	0.2861	0.2861	90	90	90	229　IM-3M
SnSb	0.8629	0.8629	1.0656	90	90	120	—
$FeSn_2$	0.6520	0.6520	0.5312	90	90	90	140　I4/MCM
Cu_6Sn_5	0.4200	0.4200	0.5090	90	90	120	194　P63/MMC

此外,使用超景深显微镜面积测量功能,测出焊接后的巴氏合金中硬脆相 ε 相和 β 相的总面积约为 25.79%,略大于最小摩擦系数的范围,能够有效地增强其承载性能。通过 XRD 试验,测得巴氏合金与钢体结合界面的主要物质晶胞参数,对 Materials Studio 分子动力学模型进行晶胞参数优化,从而提高模拟的真实性和有效性。

12.5　XRD 残余应力试验

12.5.1　XRD 残余应力试验过程

制造过程中,构件受到来自各种工艺因素的作用与影响。当这些因素消失时,若构件所受到的上述作用与影响不能随之而完全消失,仍有部分作用与影响残留在构件内,则这种残留的作用与影响称为残留应力或残余应力。残余应力是当物体没有外部因素作用时,在物体内部保持平衡而存在的应力。

残余应力测试仪(见图 12-13)利用 X 射线衍射法检测残余应力,依据是弹性力学及 X 射线晶体学理论。对于理想多晶体,在无应力状态下,不同方位的同族晶面间距相等。当受到一定的表面残余应力 σ 时,不同晶粒的同族晶面间距随着晶面方位及应力的大小发生有规律的变化,从而使 X 射线衍射谱线发生偏移。根据偏移的大小,可以计算出所测物体的残余应力。针对不同的测试材料,需要选择不同的测试探头,见图 12-14。

在 X 射线应力测试技术中,试样的表面处理是关键问题之一。由于所用 X 射线一般不属于硬质射线,在金属表面有效穿透深度通常为几微米至十几微米,所测应力就是此深度范围内应力的加权平均值,显然试样的表面状态对测量的结果有决定性影响。一般而言,表面粗糙度越低,应力测定越准确。粗糙表面的应力会有一定程度的释放。试验选择的测试点应当尽量避开工件表面缺陷和磕碰划伤痕迹，采用适当方法清除油污、氧化皮和锈斑，使得测试部位露出洁净的金属表面，应当注意尽量不使用坚硬的工具，避免伤及原始表面。使用有机溶剂去除金属表面的油污，使用稀盐酸等化学试剂去除金属表面的氧化皮。

图 12-13　残余应力测试仪

图 12-14　残余应力测试仪探头

　　X 射线应力测试仪应定期校验，在较大规模的拆卸、搬运和重新安装后也应进行校验。校验测角仪需使用荧光屏和无应力粉末试样，荧光屏在 X 光照射下发出可见的绿色光斑。检验时需在荧光屏上做刻线，放在被测试试样位置，按照所用仪器规定的方法校准距离和方向，然后开启 X 射线，驱动测角仪动作，观察光斑中心是否偏移。只有不存在肉眼可察觉的偏移，应力的测量才准确。如果观察到微小的偏移量，一般可通过修正标定距离 Y 进行消除。

12.5.2　XRD 残余应力试验结果

　　使用 IXRD 测试仪分别测量 20 钢、30 钢、40 钢与巴氏合金结合时钢体的残余应力分布，测量时工作界面见图 12-15。

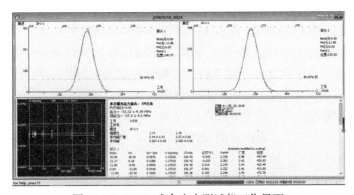

图 12-15　IXRD 残余应力测试仪工作界面

　　在试样上选择光滑平整的工作表面，每间隔 6cm 取测试点，测量该点处的残余应力，测量数据见图 12-16。

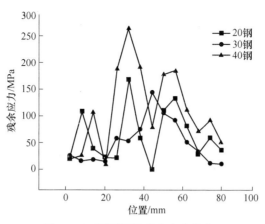

图 12-16　不同钢体残余应力分布

由图 12-16 可知，对比巴氏合金分别与 20 钢、30 钢、40 钢结合时钢体的残余应力分布，40 钢总体残余应力最大，30 钢次之，20 钢残余应力最小。从残余应力总体分布情况可知，距试件两界面端的距离越大，残余应力也越大，并在试件的中间部位达到最大值，说明残余应力与到界面端距离相关。三种试件的残余应力分布在 20~40mm 处均呈现明显突变情况，说明巴氏合金与钢体结合时存在应力奇异性，奇异应力对复合结构衬套界面结合性能具有较大的负面影响。该试验初步证明，巴氏合金与三种钢材结合时，20 钢与巴氏合金结合界面的结合性能最优。

13 计入过渡层影响的结合界面分子动力学模拟

‹‹‹

通过对试件进行 EDS、SEM 和 XRD 试验分析，可知巴氏合金与钢体焊接结合过程中产生大约 11.5 μm 的过渡层，且过渡层中的主要化合物是 $FeSn_2$ 和少量的 SnSb。此外，分析处理 XRD 试验结果时，测量出巴氏合金和过渡层主要物质的晶胞参数，为分子动力学建模提供了试验数据支持。基于 Materials Studio 构建具有过渡层 $FeSn_2$ 的 ZChSnSb/$FeSn_2$/钢体复合材料分子模型，推导复合材料所含能量与结合能之间的关系，计算 ZChSnSb/$FeSn_2$/钢体复合材料的界面结合能，探究巴氏合金最佳过渡层材料，并分析了 $FeSn_2$ 的最佳厚度；通过设置不同梯度的温度来对复合材料进行模拟，获得巴氏合金与钢体结合的最佳温度，从微观层面探究轴承复合材料界面结合机理。

13.1 构建复合材料分子模型

13.1.1 建立 ZChSnSb、$FeSn_2$、Sn 和钢体分子模型

使用 Materials Studio 建立分子模型过程中，基于 XRD 试验结果得到 Sn 和 $FeSn_2$ 的晶胞长度、晶胞角度和空间群晶系等参数，巴氏合金和钢体属于合金，其参数可通过无机晶体结构数据库（ICSD）查找。分子模型建立参数见表 13-1。

表 13-1 材料晶胞结构参数

材料种类	晶胞长度/nm			晶胞角度/(°)			晶胞群组	
	a	b	c	α	β	γ		
Sn	0.5831	0.5831	0.3182	90	90	90	141	I41/AMD
$FeSn_2$	0.6520	0.6520	0.5312	90	90	90	140	I4/MCM
钢体	1.0108	0.7998	0.7546	90	90	90	26	CMC21
ZChSnSb	0.4217	0.4217	0.5120	90	90	120	194	P63/MMC

以构建 $FeSn_2$ 分子模型为例，根据表 13-1 中的晶胞结构参数，在 Materials Studio 中，利用 Build/Crystals 工具建立 $FeSn_2$ 晶胞结构，使用 Rebuild Crystals 功能将原始晶胞进行简化，其简化结构如图 13-1（b）所示。

晶胞构建完成之后，对晶胞进行切面。利用 Surface/Cleave Surface 功能，沿

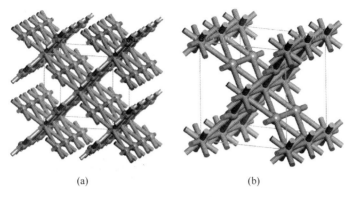

(a)   (b)

图 13-1 $FeSn_2$ 分子模型结构

(a) 原始晶胞；(b) 优化晶胞

（100）切面对优化后的 $FeSn_2$ 晶胞进行切割，切割厚度根据不同需要进行设置。将切面结构从 2D 改为 3D，设置合适的真空厚度，一般为晶胞长度 c 方向的 0.5 倍，其结构见图 13-2。根据上述过程，建立 Sn 分子模型超晶胞结构，如图 13-3 所示。

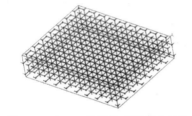

图 13-2 $FeSn_2$ 分子模型超晶胞结构   图 13-3   Sn 分子模型超晶胞结构

    由于巴氏合金和钢体属于合金，不能直接建立其晶胞结构，故采用原子替代的方法。构建完超晶胞结构之后，使用 Properties/Element Symbol 功能，按照巴氏合金中其他元素的质量分数等比例地将巴氏合金中 Sn 原子和钢体中的 Fe 原子替换为相应的原子。巴氏合金和钢体分子超晶胞结构见图 13-4。

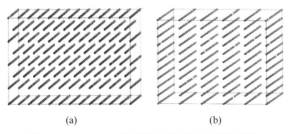

(a)   (b)

图 13-4   ZChSnSb 和钢体分子模型超晶胞结构

(a) 巴氏合金；(b) 钢体

13.1.2 构建、优化复合材料分子模型

构建完成 ZChSnSb、FeSn$_2$、Sn、钢体分子模型，使用 Build/Build Layers 功能构建复合材料模型结构。以 ZChSnSb、FeSn$_2$、钢体三层材料复合为例，第一层为 ZChSnSb，中间层为 FeSn$_2$，第三层为钢体，其分子模型见图 13-5[50]。

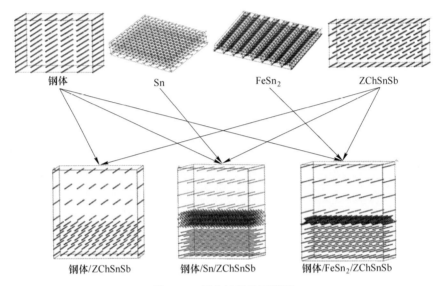

钢体　　　　　Sn　　　　　FeSn$_2$　　　　ZChSnSb

钢体/ZChSnSb　　　钢体/Sn/ZChSnSb　　　钢体/FeSn$_2$/ZChSnSb

图 13-5 复合材料分子模型

最小能量结构计算公式如下：

$$r_{min} = r_0 - A^{-1}(r_0) \cdot \nabla E(r_0) \tag{13-1}$$

式中，r_{min} 为优化的最小值；r_0 为任一点；$A(r_0)$ 为点 r_0 处的关于能量坐标的二次偏导数的矩阵；$\nabla E(r_0)$ 为 r_0 的势能的梯度。

由于能量表面一般不调和，使用 Newton Raphson 最小能量结构算法进行迭代计算：

$$r_i = r_{i-1} - A^{-1}(r_{i-1}) \cdot \nabla E(r_{i-1}) \tag{13-2}$$

式中，第 i 个点是由 Newton Raphson 迭代过程中（$i-1$）个点确定。与共轭梯度相似，当算法收敛时，Newton Raphson 优化的效率增加。

使用 Modules/Forcite/Calculation/Setup/Energy 功能对模型进行能量优化，收敛水平设置为 Fine，施加 Universal 力场，叠加法 Electrostatic 和 Van der Waals 均选择 Atom based，其他设置均使用默认，设置完成后点击 Run，开始对模型进行优化。

能量优化完成后，打开新生成文件夹中的 Layer.xsd 文件，使用 Modules/Forcite/Calculation/Setup/Geometry Optimization 功能对模型进行几何优化，收敛水平

设置为 Fine，施加 Universal 力场，选择 Smart 算法，设置合适的最大迭代次数。优化完成后，打开新生成文件夹中的 Layer Energies.xcd 文件，将模型优化过程中能量的变化数据转化成如图 13-6 所示的模型总焓量收敛，此时能量和几何优化已经成功。

由图 13-6 可知，ZChSnSb/FeSn$_2$/钢体模型总焓量相比几何优化前有明显地降低，ZChSnSb/FeSn$_2$/钢体模型在经过能量和几何优化之后变得更加稳定。这是因为物质本身所具有的能量越低，物质越稳定。

经过能量优化和几何优化后 ZChSnSb/FeSn$_2$/钢体三层材料复合模型的结构如图 13-7 所示。由图可以发现，第三层的钢体和中间层的 FeSn$_2$ 在能量和几何优化之后结构变化不大，第一层的巴氏合金层结构有明显的变化，结构向无序方向转变。

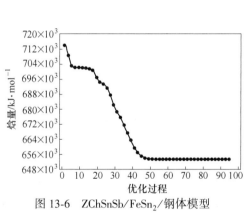

图 13-6　ZChSnSb/FeSn$_2$/钢体模型
几何优化总焓量

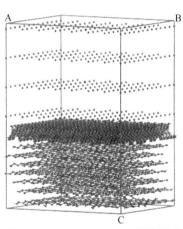

图 13-7　ZChSnSb/FeSn$_2$/钢体模型
能量和几何优化后结构

13.1.3　复合材料分子模型动力学模拟

Nosé-Hoover 为一种在结构上加入一个额外自由度的分子动力学方法，以此反映结构和热浴之间的作用。虚自由度是一个给定的质量 Q 和一个特定的势能。通过扩展系统运动方程求解，生成扩展集成微正则系综。根据 Nosé-Hoover 动力学，扩展系统的恒定能量如下：

$$H^* = \sum_{i=1}^{N} \frac{\boldsymbol{p}_i^2}{2m_i} + \phi(\boldsymbol{q}) + \frac{Q}{2}\zeta^2 + N_f k_B T_0 \ln\sigma \tag{13-3}$$

式中，ϕ 为相互作用势能；ζ 和 $\ln\sigma$ 表示与质量 Q 相关的额外自由度的速度和位置；N_f 为自由度的数目；T_0 为目标温度；k_B 为玻耳兹曼常量。

原子真正的坐标运动方程为 $\boldsymbol{q}$ 和动量为 $\boldsymbol{p}$，以及虚拟坐标如下：

$$\begin{cases} \dfrac{\mathrm{d}\boldsymbol{q}_i}{\mathrm{d}t} = \dfrac{\boldsymbol{p}_i}{m_i}, \ \dfrac{\mathrm{d}\boldsymbol{p}_i}{\mathrm{d}t} = -\dfrac{\partial \phi}{\partial \boldsymbol{q}_i} - \zeta \boldsymbol{p}_i \\[4mm] \dfrac{\mathrm{d}\zeta}{\mathrm{d}t} = \dfrac{\displaystyle\sum_{i=1}^{N} \dfrac{\boldsymbol{p}_i}{2m_i} - N_f k_B T_0}{Q}, \ \dfrac{\mathrm{d}\ln\sigma}{\mathrm{d}t} = \zeta \end{cases} \tag{13-4}$$

为了提高 Nosé-Hoover 算法在平衡中的运算效率，Samoletov 对 Nosé-Hoover 的运动方程进行了修改，对恒温器变量增加了 Langevin 摩擦项和噪声项，使得运动方程 ζ 成为：

$$\frac{\mathrm{d}\zeta}{\mathrm{d}t} = \frac{\displaystyle\sum_{i=1}^{N} \frac{\boldsymbol{p}_i^2}{2m_i} - N_f k_B T_0}{Q} - \gamma\zeta + \sqrt{\frac{2\gamma k_B T_0}{Q}}\,W \tag{13-5}$$

式中，W 为标准维纳过程；γ 为一个与随机过程强度相关的参数。

使用 Modules/Forcite/Calculation/Setup/Dynamics 功能对模型进行分子动力学模拟。其中，收敛水平设置为 Fine，施加力场为 Universal，叠加法静电力和范德华力均选择 Atom based。进行模拟之前，必须选择一个热力学系综，并设置其相关参数，设定模拟时间步长和模拟温度。选择恒定体积、恒定温度系综（NVT），模拟温度设定为 512K，对模型进行分子动力学模拟。

模拟完成后，将模型优化过程中能量和温度的变化数据转化成图 13-8 和图 13-9。模型经过模拟过程之后，不论是总能量还是温度都得到很好收敛，表明模拟已经成功。由图 13-8 可以看出，ZChSnSb/FeSn$_2$/钢体模型在分子动力学模拟过程中能量进一步降低，说明模型经过优化之后更加稳定。由图 13-9 可以看出，在模拟过程的前期，温度会有较大起伏，结合图 13-8，随着模型能量的趋于收敛，温度逐渐稳定在 500K。

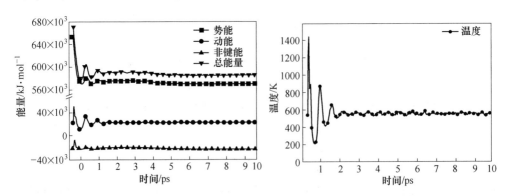

图 13-8　ZChSnSb/FeSn$_2$/钢体模型总能量　　　图 13-9　ZChSnSb/FeSn$_2$/钢体模型温度变化

经过分子动力学模拟后 ZChSnSb/FeSn₂/钢体三层材料复合模型的结构见图 13-10。由图可以看出，模型在经过分子动力学模拟之后，钢体层、中间层 $FeSn_2$ 和巴氏合金层的结构都向无序化发生重大改变。

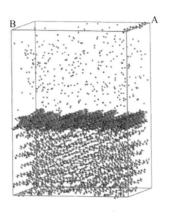

图 13-10　ZChSnSb/FeSn₂/钢体模型能量和几何优化后结构

13.2　复合材料界面结合能计算

13.2.1　三层复合材料界面结合能计算公式推导

通过 Materials Studio 对复合材料进行分子动力学模拟，计算出来的总能量（Total energy）包括总势能（Total potential）和总动能（Total Kinetic）两大部分，其中总势能包括价能（Valence energy）、非键能（Non-bond energy）和约束能（Restraint energy），即：

$$E_{Total} = E_{Potential} + E_{Kinetic} = E_{Valence} + E_{Non-band} + E_{Restraint} + E_{Kinetic} \quad (13\text{-}6)$$

将三层复合材料的中间层的能量与中间层和边界两种材料之间的两层结合能看成三层复合材料的结合能，推导出了一种计算两层和三层复合材料结合能的通用计算公式：

$$E_{Bonding} = E_{Total} - (E_A + E_B) \quad (13\text{-}7)$$

式中，E_{Total} 为系统的总能量；E_A 和 E_B 分别为形成界面的两种材料的能量。针对三层复合材料，根据两层复合材料结合能的计算公式（13-7），分别推导两层界面的结合能。三层复合材料结构示意图见图 13-11，图中 A、B、C 分别代表三种材料。首先要设定如下参数：

E_{Total} ——材料 A、材料 B 和材料 C 系统总能量，kJ/mol；

$E_{Bonding1}$ ——材料 A 和材料 B 之间的结合能，kJ/mol；

$E_{Bonding2}$ ——材料 B 和材料 C 之间的结合能，kJ/mol；

E_{AB} ——系统去掉材料 C 之后的总能量，kJ/mol；

E_{BC} ——系统去掉材料 A 之后的总能量，kJ/mol。

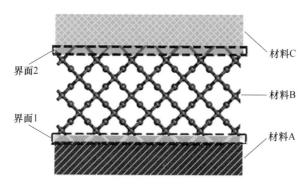

图 13-11　三层复合材料结构简图

将材料 B 和材料 C 看作一个整体，由公式（13-7）可求得材料 A 和材料 B 形成界面的结合能：

$$E_{Bonding1} = E_{Total} - (E_{BC} + E_A)　　　　(13-8)$$

同理，将材料 A 和材料 B 看作一个整体，可求得材料 B 和材料 C 形成界面的结合能为：

$$E_{Bonding2} = E_{Total} - (E_{AB} + E_C)　　　　(13-9)$$

上述中的 E_{Total} 可以通过对三层复合材料模型分子动力学模拟求得，E_{AB}、E_{BC}、E_A 和 E_B 可以通过删除复合材料模型分子动力学模拟之后轨迹文件中对应的材料求得。

13.2.2　不同中间层复合材料界面结合能计算

通过对巴氏合金与钢体焊接结合试件的 EDS、SEM 和 XRD 试验分析，得出巴氏合金与钢体焊接结合过程中产生大约 $11.5\mu m$ 的过渡层，且过渡层中的主要化合物是 $FeSn_2$。为了验证 $FeSn_2$ 能够增强巴氏合金与钢体结合强度，分别建立无中间层、中间层 Sn 和中间层 $FeSn_2$ 的巴氏合金与钢体复合材料模型，并对其进行模拟，将模拟结果进行计算，比较其结合能大小。构建模型的尺寸参数见表 13-2。其中，排除因中间层厚度不同引起结合能不同的因素，将中间层材料（Sn 和 $FeSn_2$）厚度均设置成统一值，以减少非变量因素的影响。

按照复合材料分子动力学模拟方法完成模拟，温度变化曲线与能量变化曲线见图 13-12 和图 13-13。由图 13-13 可知，复合材料分子动力学模拟完成后，三种材料的中间层模型温度变化均得到收敛。通过对比发现，无中间层时，在优化开始阶段的温度变化最大，中间层材料为 $FeSn_2$ 时温度变化次之，中间材料为 Sn 时温度变化最小。但是中间层 $FeSn_2$ 与无中间层的温度变化相差不大，从反应开始到温度稳定的时间上中间层 $FeSn_2$ 时的反应时间最长。综合反应温度的变化以及达到平衡所需要时间，中间层为 $FeSn_2$ 时参与模拟的程度最大。

表 13-2 材料晶胞结构参数

材料种类	超晶胞 ($u×v$)	超晶胞参数/nm		
		a	b	c
Sn	7×7	5.242	3.944	1.593
钢体	7×7	4.899	3.828	4.032
$FeSn_2$	8×8	5.116	4.106	1.593
ZSnSb8Cu4	8×8	5.060	4.096	2.691

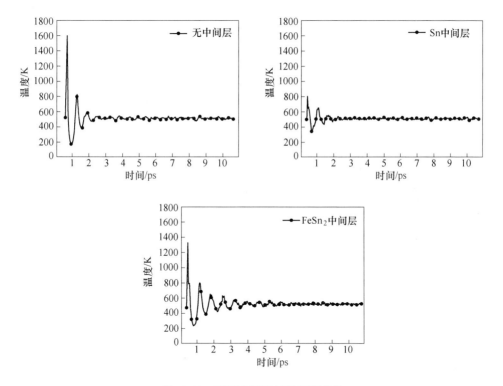

图 13-12 不同中间层材料温度变化

　　如图 13-13 所示，三种模型经过模拟之后系统的总能量、总势能、总动能和非键能都有很好的收敛。结合图 13-12 中三种模型在分子动力学模拟过程中温度的收敛，说明三种模型经过能量和几何优化之后的分子动力学模拟已经成功。模型完成模拟后，在新生成的文件里打开 Status.txt 和 Layer.txt，可以查找统计模拟完成后终止的温度和各种能量的具体信息。

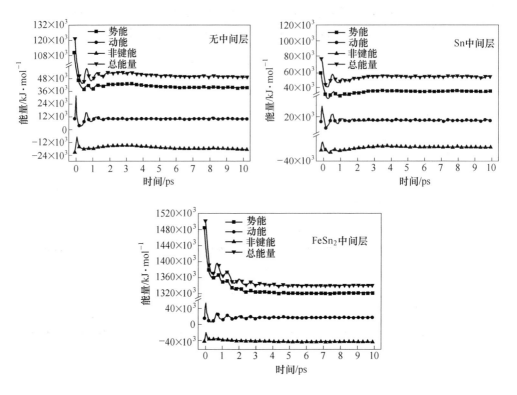

图 13-13　不同中间层材料温度变化

　　模拟完成后，三种不同中间层模型的结构见图 13-14，比较图 13-14（b）和（c）可知，分子动力学模拟后作为中间层的 Sn 层，结构和形状几乎没有变化，而

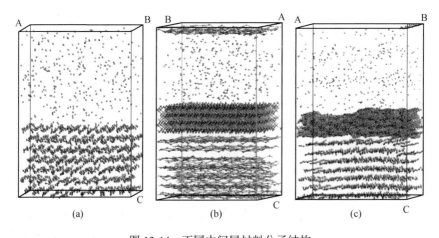

图 13-14　不同中间层材料分子结构

（a）无中间层；（b）Sn 中间层；（c）$FeSn_2$ 中间层

作为中间层的 $FeSn_2$ 层结构和形状均发生较大的改变，则说明在复合材料分子动力学模拟过程中，Sn 参与材料结合能远不如 $FeSn_2$。对比观察图 13-14（a）、（b）、（c）发现，图 13-14（a）中巴氏合金和钢体的变化较均匀，而且两种不同材料原子之间几乎没有扩散和渗透；图 13-14（b）中，巴氏合金结构变化较大，并且巴氏合金渗透到钢体内部，Sn 与巴氏合金距离较远，与钢体比较接近；图 13-14（c）中有少量巴氏合金渗透到钢体内部，并且 $FeSn_2$ 与钢体和巴氏合金之间的距离明显接近。

完成上述模拟可以得到系统的总能量，要想计算模型的结合能，需要分别计算去除对应材料以后的能量。根据式（13-8）和式（13-9）分别计算两层界面结合能，计算结果见表 13-3。

表 13-3 不同中间层材料结合能计算结果 （kJ/mol）

模型种类	E_{Total}	$E_{ZChSnSb}$	$E_{FeSn_2/ZChSnSb}$	E_{Steel}	$E_{Steel/FeSn_2}$	$E_{Bonding1}$	$E_{Bonding2}$
ZChSnSb/钢体	52053.1	49852	—	2075			126.7
ZChSnSb/Sn/钢体	69605	62221	66319.7	2112	6154.2	1229.6	1174
ZChSnSb/$FeSn_2$/钢体	1416949	40062	1390602.1	2050	1361067	15818.4	24300.2

注：巴氏合金牌号为 ZSnSb8Cu4。

表 13-3 中 $E_{Bonding1}$ 为巴氏合金与中间层形成界面的结合能，$E_{Bonding2}$ 为钢体与中间层形成界面的结合能。为了更加直观地观察、对比三种模型的界面结合能，将表 13-3 中两界面能转化成柱状图，见图 13-15。通常破坏多层复合结构时界面结合能最低的最先断裂，由图 13-15 可以明显地看出，$FeSn_2$ 作为中间层材料时的界面结合能远大于中间层为 Sn 和没有中间层材料时的界面能。因此可以得出 $FeSn_2$ 作为中间层材料能够有效地增强钢体和巴氏合金的结合强度，且研究挂锡工艺的最佳厚度其核心就是研究挂锡工艺过程中生成 $FeSn_2$ 的最佳厚度。

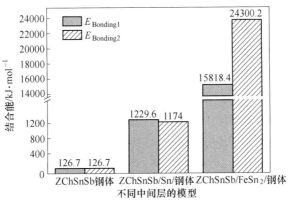

图 13-15 不同复合材料模型结合能

　　由图 13-15 还可以看出，Sn 作为中间层时，Sn 与巴氏合金的结合能略大于 Sn 与钢体的结合能，说明 Sn 与巴氏合金和钢体的相容性差别不大；FeSn$_2$ 作为中间层时 FeSn$_2$ 与钢体的结合能大于与巴氏合金的结合能，说明 FeSn$_2$ 与钢体的相容性更好。

13.2.3　不同温度下复合材料界面结合能计算

　　不同的温度对巴氏合金与钢体材料的结合性能有着至关重要的影响，温度过低，金属流动性差，造成晶粒粗大，表面合金不均匀，从而导致结合不牢固；温度过高，易加重钢体表面氧化程度，使结合表面附着不易悬浮的氧化物。根据金属工艺学可知，Sn 的熔点为 231.89℃，巴氏合金与钢体结合工艺过程中，围绕 Sn 的熔点，挂锡的温度一般控制在 260～300℃之间，设定温度梯度为 5℃，在 260～300℃范围内设置 8 组不同的温度，对 ZChSnSb/FeSn$_2$/钢体复合材料模型进行分子动力学模拟，其模型具体参数见表 13-2。

　　使用 Modules/Forcite/Calculation/Setup 功能对 ZChSnSb/FeSn$_2$/钢体模型进行能量和几何优化，之后使用 Dynamics 功能依次改变模拟温度对模型进行模拟。设置 8 组不同的温度分别为 492K、497K、502K、507K、512K、517K、522K、527K。不同温度下复合材料模型温度和能量变化见图 13-16 和图 13-17，模型经

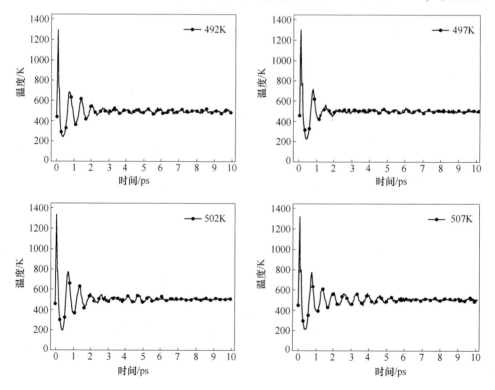

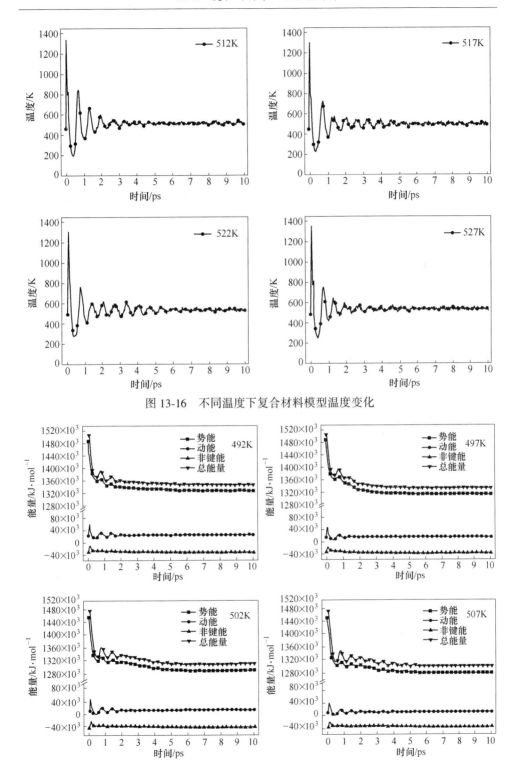

图 13-16 不同温度下复合材料模型温度变化

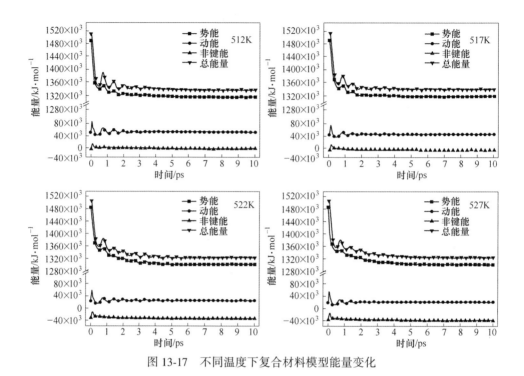

图 13-17　不同温度下复合材料模型能量变化

过模拟之后的能量和温度都得到很好的收敛，则模拟成功。分别打开相应温度下的轨迹文件，求得不同系统的能量。根据式（13-8）和式（13-9）计算其结合能，模拟、计算结果统计见表 13-4。

表 13-4　不同温度下复合材料分子动力学模拟结果　　　　　　　（kJ/mol）

温度/K	E_{Total}	$E_{ZChSnSb}$	$E_{FeSn_2/ZChSnSb}$	E_{Steel}	$E_{Steel/FeSn_2}$	$E_{Bonding1}$	$E_{Bonding2}$
492	1407292	1412012.1	1374556.9	1973.6	40524.9	−7789	−6693
497	1393669	1388426	1357879.5	2071.5	39652.2	−3861	3172
502	1412535	1401760.5	1369013.1	2052.6	39855.1	3665	8720
507	1420263	1400821.2	1365151.3	2041.4	40942.5	14171	17402
512	1416949	1390602.2	1361067.7	2048	40062.6	15818	24300
517	1417861	1404515.6	1369837.4	2063.1	40526.6	7499	11283
522	1401623	1396353.9	1363050.9	2212.9	40424.9	−1850	3057
527	1405125	1409729.3	1373347.8	2162.3	42839.9	−11060	−6764

注：巴氏合金牌号为 ZSnSb8Cu4。

　　为了清晰地观察、分析模拟计算结果，将计算所得的结合能转化为柱状图，见图 13-18。由图 13-18 可知温度从 492K 到 527K 逐步增加的过程中，ZChSnSb/

$FeSn_2$/钢体模型的两层结合面的结合能都是先增大后减小，并且都在512K时达到最高值，换成摄氏度即为280℃，说明巴氏合金与钢体结合过程中产生$FeSn_2$中间层时，最佳温度在280℃左右。此外，通过对比两层结合面的结合能的大小可知，第二层界面结合能都是大于第一层的结合能，则ZChSnSb和$FeSn_2$之间形成的界面是复合材料ZChSnSb/$FeSn_2$/钢体的危险界面。观察图13-18 $E_{Bonding1}$发现，在模拟温度的起始阶段（即温度为492K、497K、522K和527K）结合能为负值，说明此时两种材料之间是相互排斥的。该结果可以指导工厂的实际生产，优化生产加工工艺，有效地提高产品质量，从而提高企业效益。

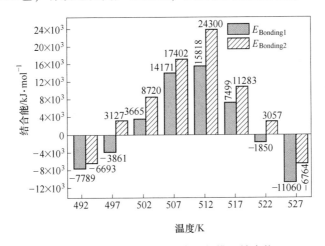

图13-18　不同温度下复合材料模型结合能

13.2.4　不同中间层厚度复合材料界面结合能计算

韩国浦项科技大学Jung-Su Kim等在研究镁合金复合板界面结合强度时发现，中间层（过渡层）厚度对结合强度有显著的影响，并且研究发现经过不同的加工工艺下中间层会有明显的变化。中国船舶重工集团公司第十二研究所南飞艳等研究挂锡质量对巴氏合金浇铸的影响中提到挂锡温度、时间、挂锡表面粗糙度等因素会对挂锡质量有着重要的影响。挂锡目的是让钢体整个浇铸表面发生一定的物理化学反应生成一定厚度的化合物，其中主要是FeSn或$FeSn_2$。根据化合物FeSn或$FeSn_2$本身的脆性可以知道，中间层厚度过大将会严重影响合金的结合强度，导致轴承寿命急剧降低。但是上述文献并没有对复合材料结合界面产生的最佳中间层厚度进行研究。

为了研究生成化合物$FeSn_2$的最佳厚度，使用ZChSnSb/$FeSn_2$/钢体模型，在512K模拟温度下，改变中间层$FeSn_2$的厚度，模拟过程与上述过程一致。根据式（13-8）和式（13-9）计算其结合能，模拟、计算值统计见表13-5。

表 13-5　不同中间层厚度下分子动力学模拟值　　　（kJ/mol）

FeSn$_2$ 厚度 /nm	E_{Total}	$E_{ZChSnSb}$	$E_{FeSn_2/ZChSnSb}$	E_{Steel}	$E_{Steel/FeSn_2}$	$E_{Bonding1}$	$E_{Bonding2}$
0.5132	612558	606421.8	571580	2194.5	39651.7	1325	3941.3
1.0264	1020034	1005152	971746	2135.5	41169.7	7118.2	12746.9
1.5396	1416949	1390602	1361067	2048	40062.6	15818.4	24300.2
2.0528	1809948	1790136	1756171	2133.8	40435	13341.1	17679
2.5660	2375240	2365114	2330667	2109.1	40586	3989.4	8018

注：巴氏合金牌号为 ZSnSb8Cu4。

　　为了清晰地观察、分析模拟计算结果，将计算的结合能转化为柱状图，如图 13-19 所示。对比图中 $E_{Bonding1}$ 和 $E_{Bonding2}$ 可知，$E_{Bonding1}$ 都是小于 $E_{Bonding2}$，与上节模拟不同温度下的规律一致，ZChSnSb 和 FeSn$_2$ 之间形成的界面是复合材料 ZChSnSb/FeSn$_2$/钢体的危险界面。并且 $E_{Bonding1}$ 和 $E_{Bonding2}$ 随着中间层 FeSn$_2$ 厚度的增加而增大，结合能都是先增大后减小，当中间层 FeSn$_2$ 厚度为 1.5396nm 时结合能达到最高值。

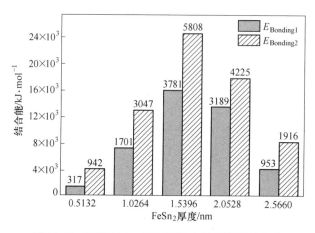

图 13-19　不同 FeSn$_2$ 厚度下复合材料模型结合能

13.3　不同钢体材料分子动力学模拟

13.3.1　构建不同钢体复合材料模型

　　根据表 13-1 所示各种材料的晶胞参数和表 13-6 所示不同钢体材料的组成成分，使用 Materials Studio 分别建立 20 钢、30 钢、40 钢与巴氏合金和 FeSn$_2$ 晶胞模型，按照表 13-2 所示尺寸参数建立材料超晶胞模型，最后将各种模型组合成复合材料模型，见图 13-20。

表 13-6　钢体组成成分　　　　　　　　　（%）

钢号	C	Si	Mn	P	S	Cr	Ni	Cu	Fe
20	0.23	0.37	0.65	0.035	0.035	0.25	0.3	0.25	余量
30	0.34	0.37	0.80	0.035	0.035	0.25	0.3	0.25	余量
40	0.44	0.37	0.80	0.035	0.035	0.25	0.3	0.25	余量

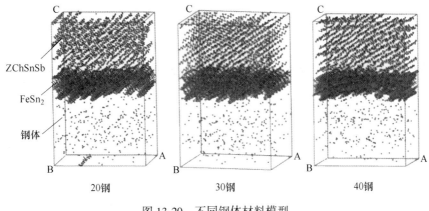

图 13-20　不同钢体材料模型

使用 Modules/Forcite/Calculation/Setup 功能对三种模型进行能量和几何优化，统计三种模型的温度和能量变化，如图 13-21 所示。由图可知，三种模型在经过能量和几何优化之后，总焓量收敛，优化成功。

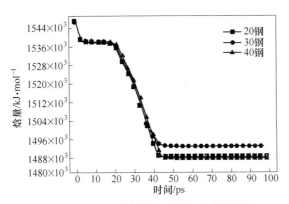

图 13-21　不同钢体材料模型几何优化总焓量

13.3.2　不同钢体复合材料分子动力学模拟

三种模型完成能量和几何优化后，使用 Modules/Forcite/Calculation/Setup/

Dynamics 功能对模型进行分子动力学模拟，收敛水平设置为 Fine，施加力场为 Universal，叠加法静电力和范德华力均选择 Atom based；点击 Task 后边的 More，打开 Forcite Dynamics，选择恒定体积、恒定温度系综（NVT），模拟温度设定为 512K，步数和每帧输出都设定为 10000，其他设置均使用默认设置，设置完成后点击 Run，对模型进行分子动力学模拟。

模拟完成后，模型优化过程中能量和温度的变化过程转化如图 13-22 和图 13-23 所示，三种不同钢体复合材料模型的总能量、总势能、总动能、非键能和温度变化都得到很好的收敛，表明分子动力学模拟成功，模拟完成后的三种模型见图 13-24。

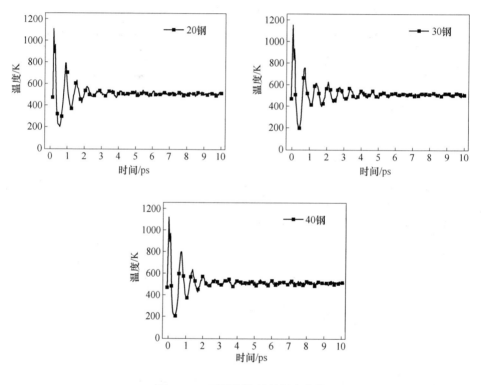

图 13-22   不同钢体材料温度变化

13.3.3   不同钢体复合材料界面结合能计算

模拟完成以后，得到系统的总能量，要想计算模型的结合能，需要分别计算去除对应材料以后的能量。根据式（13-8）和式（13-9），分别计算两层界面结合能如表 13-7 所示。

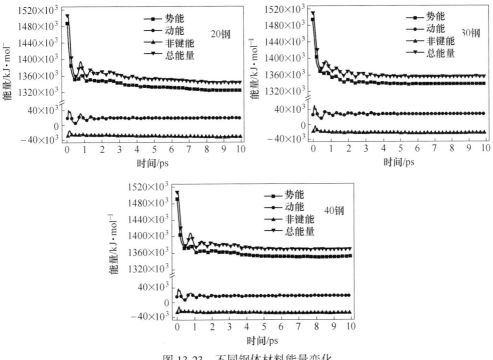

图 13-23 不同钢体材料能量变化

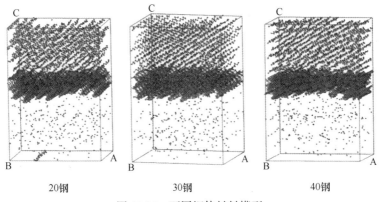

20钢	30钢	40钢

图 13-24 不同钢体材料模型

表 13-7 不同钢体材料分子动力学模拟结果

钢体材料	E_{Total}	$E_{ZChSnSb}$	$E_{FeSn_2/ZChSnSb}$	E_{Steel}	$E_{Steel/FeSn_2}$	$E_{Bonding1}$	$E_{Bonding2}$
20 钢	1417777	1398188	1364222	1799	40714	12842	17792
30 钢	1408154	1389724	1355574	1797	40163	12420.6	16636
40 钢	1405497	1387502	1353494	1781	40546	11457.8	16214

注：巴氏合金牌号为 ZSnSb8Cu4。

表 13-7 中 E_{Bonding1} 为巴氏合金与中间层形成界面的结合能，E_{Bonding2} 为中间层和钢体形成界面的结合能。为了更加直观地对比三种模型的界面结合能，将表 13-7 中两界面能转化成图 13-25，对比三种钢体材料下的 E_{Bonding1} 和 E_{Bonding2}，可知 E_{Bonding1} 总是小于 E_{Bonding2}，与之前研究不同中间层材料、不同温度、不同中间层厚度规律相同。

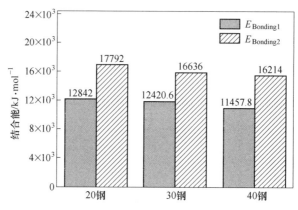

图 13-25　不同钢体材料模型结合能

对比每种钢体材料的 E_{Bonding1} 和 E_{Bonding2}，可以得到，两者都是 20 钢大于 30 钢大于 40 钢，20 钢与巴氏合金结合时界面结合能最大。故相比 40 钢和 30 钢，20 钢更适合作为油膜轴承衬套的钢体材料。

根据两层复合材料界面结合能计算公式，推导出三层复合材料结合能计算公式。使用 Materials Studio 建立 ZChSnSb/钢体、ZChSnSb/Sn/钢体、ZChSnSb/FeSn$_2$/钢体三种不同中间层材料的模型，并进行模拟，计算出中间层为 FeSn$_2$ 时的结合能最大。因此，可以得到在钢体与巴氏合金结合的过程中起增强结合强度的是 FeSn$_2$；对 ZChSnSb/FeSn$_2$/钢体进行了不同温度下分子动力学模拟，结果显示当温度为 512K（即 280℃）时，复合材料的界面结合能最大，因此巴氏合金与钢体最佳结合温度为 512K。设置不同厚度的 FeSn$_2$，对 ZChSnSb/FeSn$_2$/钢体模型进行模拟，结果显示当 FeSn$_2$ 的厚度为 1.5396nm 时的界面结合能最大。对比两层界面的结合能可知，ZChSnSb 和 FeSn$_2$ 之间形成的界面为复合材料 ZChSnSb/FeSn$_2$/钢体的危险界面。

附　　录

界面端奇异应力场角函数相关系数计算公式

$$X = \beta\left[\cos^2\left(\frac{\pi}{2}\omega\right) + (\omega - 1)(\omega - 3)\right] - \alpha(\omega - 1)(\omega - 2) - 1 + \cos^2\left(\frac{\pi}{2}\omega\right)$$

$$A_1^* = X$$

$$B_1^* = -\tan\left(\frac{\pi}{2}\omega\right)\left\{\beta\left[\cos^2\left(\frac{\pi}{2}\omega\right) + (\omega - 1)^2\right] - \alpha(\omega - 1)(\omega - 2) + \cos^2\left(\frac{\pi}{2}\omega\right)\right\}$$

$$C_1^* = \beta\left[\frac{4 - 3\omega}{\omega - 2}\sin^2\left(\frac{\pi}{2}\omega\right) - (\omega - 2)\omega\right] + \alpha\omega(\omega - 1) + \sin^2\left(\frac{\pi}{2}\omega\right)$$

$$D_1^* = \tan\left(\frac{\pi}{2}\omega\right)\left\{\frac{\beta}{\omega - 2} \times \left[\cos^2\left(\frac{\pi}{2}\omega\right)(3\omega - 4) - \omega(\omega - 1)^2\right] + \alpha\omega(\omega - 1) - \cos^2\left(\frac{\pi}{2}\omega\right)\right\}$$

$$A_2^* = -\frac{1}{1 + \alpha}\left\{\alpha^2(\omega - 2)(\omega - 1)(2\omega - 1) + 2\beta^2\left[(\omega - 2)\sin^2\left(\frac{\pi}{2}\omega\right) - (\omega - 2)^2\omega\right] \times \right.$$
$$\alpha\beta\left[\cos^2\left(\frac{\pi}{2}\omega\right)(2\omega - 3) - 4(\omega - 2)^3 - 9(\omega - 2)^2 - 6(\omega - 2) - 1\right] + $$
$$\alpha\left[-\cos^2\left(\frac{\pi}{2}\omega\right)(2\omega - 3) + (\omega - 2)^2 + 3(\omega - 2) + 1\right] + $$
$$\left.\beta\left[-\sin^2\left(\frac{\pi}{2}\omega\right)(2\omega - 3) + (\omega - 2)^2\right] + \sin^2\left(\frac{\pi}{2}\omega\right)\right\}$$

$$B_2^* = -\frac{\tan\left(\frac{\pi}{2}\omega\right)}{1 + \alpha}\left\{\alpha^2(\omega - 2)(\omega - 1)(2\omega - 1) + \right.$$
$$2\beta^2\left[-(\omega - 1)\cos^2\left(\frac{\pi}{2}\omega\right) + (\omega - 2)^3 + 3(\omega - 2)^2 + 3(\omega - 2) + 1\right] + $$
$$\alpha\beta\left[\cos^2\left(\frac{\pi}{2}\omega\right)(2\omega - 3) - 4(\omega - 2)^3 - 11(\omega - 2)^2 - 10(\omega - 2) - 3\right] + $$
$$\alpha\left[-\cos^2\left(\frac{\pi}{2}\omega\right)(2\omega - 3) - (\omega - 2)^2 - (\omega - 2)\right] + $$
$$\left.\beta\left[\cos^2\left(\frac{\pi}{2}\omega\right)(2\omega - 3) + (\omega - 2)^2 + (2\omega - 3)\right] + \cos^2\left(\frac{\pi}{2}\omega\right)\right\}$$

$$C_2^* = -\frac{1}{1+\alpha}\{\alpha^2\omega\,[2(\omega-2)^2 + 3(\omega-2) + 1] +$$

$$2\beta^2\omega\left[-\cos^2\left(\frac{\pi}{2}\omega\right) + (\omega-2)^2 + 2(\omega-2) + 1\right] +$$

$$\frac{\alpha\beta}{\omega-2}\left[\cos^2\left(\frac{\pi}{2}\omega\right)(2\omega^2 - 5\omega + 4) - 4\omega^4 + 17\omega^3 - 26\omega^2 + 17\omega - 4\right] +$$

$$\alpha\left[\cos^2\left(\frac{\pi}{2}\omega\right)(1-2\omega) - (\omega-2)^2 - (\omega-2) + 1\right] +$$

$$\frac{\beta}{\omega-2}\left[\cos^2\left(\frac{\pi}{2}\omega\right)(2\omega^2 - 5\omega + 4) + \omega^3 - 6\omega^2 + 9\omega - 4\right] - \sin^2\left(\frac{\pi}{2}\omega\right)\}$$

$$D_2^* = \frac{\tan\left(\frac{\pi}{2}\omega\right)}{1+\alpha}\{\alpha^2\omega\,[2(\omega-2)^2 + 3(\omega-2) + 1] +$$

$$2\beta^2\left[-(\omega-1)\cos^2\left(\frac{\pi}{2}\omega\right) + (\omega-2)^3 + 3(\omega-2)^2 + 3(\omega-2) + 1\right] \times$$

$$\frac{\alpha\beta}{\omega-2}\left[\cos^2\left(\frac{\pi}{2}\omega\right)(2\omega^2 - 5\omega + 4) - 4\omega^4 + 19\omega^3 - 34\omega^2 + 27\omega - 8\right] +$$

$$\alpha\left[\cos^2\left(\frac{\pi}{2}\omega\right)(1-2\omega) + \omega(\omega-1)\right] +$$

$$\frac{\beta}{\omega-2}\left[\cos^2\left(\frac{\pi}{2}\omega\right)(2\omega^2 - 5\omega + 4) - \omega(\omega-1)^2\right] - \cos^2\left(\frac{\pi}{2}\omega\right)\}$$

参 考 文 献

［1］ 王建梅. 中国轧机油膜轴承最新研究进展［A］. 第三届全国地方机械工程学会学术年会暨海峡两岸机械科技论坛论文集［C］. 海南省机械工程学会，2013：5.

［2］ 王建梅，黄庆学，杨世春，等. 轧机油膜轴承润滑理论的回顾与展望［J］. 润滑与密封，2006，2：177-180.

［3］ 王建梅，黄庆学，丁光正. 轧机油膜轴承润滑理论研究进展［J］. 润滑与密封，2012（10）：112-116.

［4］ 黄庆学，申光宪，梁爱生，等. 轧机轴承与轧辊寿命研究及应用［M］. 北京：冶金工业出版社，2003.

［5］ 王建梅，孙建召，薛涛. 磁流体润滑技术的发展［J］. 机床与液压，2011，39（6）：110-112.

［6］ 胡福增，陈国荣，杜永娟. 材料表界面［M］. 2版. 上海：华东理工大学出版社，2007.

［7］ 夏全志. 新型复合结构衬套界面间相互作用机理与试验研究［D］. 太原：太原科技大学，2019.

［8］ Dundurs J. Discussion："Edge-bonded dissimilar orthogonal elastic wedges under normal and shear loading"（Bogy D B. ASME J. Appl. Mech.，1968，35：460-466）［J］. Journal of Applied Mechanics，1969，36（3）：650-653.

［9］ 许金泉. 界面力学［M］. 北京：科学出版社，2006.

［10］ 马立新. 轧机油膜轴承试验台系统性能优化研究［D］. 太原：太原科技大学，2014.

［11］ 王建梅，王尧，黄玉琴. 油膜轴承轴系装配与运行稳定性研究［C］. 第十一届全国摩擦学大会，2013：4.

［12］ 吉宏斌，王建梅，麻扬. 考虑气穴影响的椭圆轴承油膜压力场研究［J］. 润滑与密封，2016，41（1）：64-69.

［13］ 王建梅，陶德峰，黄庆学. 多层圆筒过盈配合的接触压力与过盈量算法研究［J］. 工程力学，2013，30（9）：270-275.

［14］ 王尧. 油膜轴承巴氏合金与钢体的结合强度理论与试验研究［D］. 太原：太原科技大学，2014.

［15］ Wang Jianmei, Ning Ke, Xu Junliang, et al. Reliability-based robust designof wind turbine's shrink disk［J］. Proceedings of the Institution of Mechanical Engineers Part C-Journal of Mechanical Engineering Science，2018，232（8）：2685-2696.

［16］ Wang Jianmei, Kang Jianfeng, Tang Liang. Theoretical and experimental studiesfor wind turbine's shrink disk［J］. Proceedings of the Institution of Mechanical Engineers Part C-Journal of Mechanical Engineering Science，2015，229（2）：325-334.

［17］ 黄庆学，王建梅，静大海. 油膜轴承锥套过盈装配过程中的压力分布及损伤［J］. 机械工程学报，2006，42（10）：102-108.

［18］ Wang Jianmei, Cai Min, Malekian Reza, et al. Experimental evaluation of lubrication characteristics of a new type oil-film bearing oil using multi-sensor system［J］. Applied Sciences，

2017, 7（1）: 01-012.

[19] Yang Y Y, Munz D. Stress singularities in a dissimilar materials joint with edge tractions under mechanical and thermal loadings [J]. International Journal of Solids & Structures, 1997, 34 (10): 1199-1216.

[20] Wang Jianmei, Meng Fanning, Zhang Xiaotian, et al. Mathematical model and algorithm of interface singular stress field of oil-film bearing [J]. Tribology International, 2017, 116 (12): 351-361.

[21] 唐亮. 直角结合异材界面端应力强度系数的经验公式 [J]. 力学季刊, 2005.

[22] Liu L, Mei H, Guo C, et al. Stress intensity factor calculation of surface crack on porcelain post insulator using finite element method [C] IEEE Conference on Electrical Insulation and Dielectric Phenomenon. IEEE, 2017: 653-656.

[23] 孙建召, 王建梅, 薛涛. 轧机轴承润滑油膜温度场有限元分析 [J]. 润滑与密封, 2011, 36 (1): 39-42.

[24] 陶磊, 王建梅, 黄庆学. 轧机油膜轴承相对间隙优化设计 [J]. 太原科技大学学报, 2010, 31 (6): 472-477.

[25] 唐亮, 王建梅, 康建峰, 等. 油膜轴承性能计算可视化界面的开发 [J]. 轴承, 2013 (2): 61-64.

[26] 金庆军, 张博, 王建梅, 等. 油膜轴承衬套离心浇铸模型优化与质量预测 [J]. 太原科技大学学报, 2013, 34 (5): 352-356.

[27] 王建梅, 康建峰, 张博, 等. 轴瓦合金层离心浇铸质量的数值模拟研究 [J]. 金属加工 (热加工), 2012 (13): 34-36.

[28] Liu Y H, Xu J Q, Ding H J. Order of singularity and singular stress field about an axisymmetric interface corner in three-dimensional isotropic elasticity [J]. International Journal of Solids & Structures, 1999, 36 (29): 4425-4445.

[29] Bogy D B, Wang K C. Stress singularities at interface corners in bonded dissimilar isotropic elastic materials [J]. International Journal of Solids & Structures, 1971, 7 (8): 993-1005.

[30] 张笑天. 油膜轴承衬套结合界面奇异应力场研究 [D]. 太原: 太原科技大学, 2016.

[31] Bai Zebing, Wang Jianmei, Ning Ke, et al. Contact pressure algorithm of multi-layer interference fit considering centrifugal force and temperature gradient [J]. Applied Sciences-Basel, 2018, 8 (5): 726-737.

[32] Li Y L, Hu S Y, Munz D, et al. Asymptotic description of the stress field around the bond edge of a cylindrical joint [J]. Archive of Applied Mechanics, 1998, 68 (7): 552-565.

[33] 王淼, 王建梅, 蔡敏. 油膜轴承润滑油温度特性实验研究 [J]. 太原科技大学学报, 2014, 35 (1): 44-48.

[34] 中国钢铁工业协会. GB/T 699—1999 优质碳素结构钢 [S]. 北京: 中国标准出版社, 2000.

[35] 王建梅, 薛亚文, 马立新, 等. 蠕变对巴氏合金 ZChSnSb11-6 力学性能和显微组织的影响 [J]. 中国有色金属学报, 2014 (10): 2513-2518.

［36］王尧，王建梅，黄玉琴，等. 锡界面层最佳厚度试验与模拟研究［J］. 机械工程学报，2015，51（20）：106-113.

［37］王尧，王建梅，项丹. 油膜轴承圆弧结合界面应力特性仿真与试验［J］. 中国机械工程，2015，26（14）：1851-1856.

［38］麻扬，王建梅，孟凡宁，等. 装配应力对油膜轴承衬套受力的影响［J］. 润滑与密封，2017，42（7）：84-88.

［39］麻扬. 复合材料油膜轴承衬套的界面结合性能研究［D］. 太原：太原科技大学，2017.

［40］黄庆学，李璞，王建梅，等. 宏微观跨尺度下的锥套运行力学机理研究［J］. 机械工程学报，2016，52（14）：213-220.

［41］Wang Jianmei, Ning Ke, Tang Liang, et al. Modeling and finite element analysis of load-carrying performance of a wind turbine considering the influence of assembly factors［J］. Applied Sciences, 2017, 7（3）：01-012.

［42］Wang Jianmei, Li Zhixiong, Mohammadkazem Sadoughi, et al. Stability characteristics of lubricating film in mill oil-film bearings［J］. Industrial Lubrication & Tribology, 2017, 70（1）：1-14.

［43］Xia Quanzhi, Wang Jianmei, Yao Kun, et al. Interface bonding properties of multi-layered metal composites using material composition method［J］. Tribology International, 2019, 131（3）：251-257.

［44］王建梅. 基于 Materials Studio 锡基巴氏合金与钢体结合性分析［A］. 中国机械工程学会摩擦学分会. 第十一届全国摩擦学大会论文集［C］. 2013：4.

［45］孟凡宁. 巴氏合金/$FeSn_2$/钢体复合材料结合性能研究［D］. 太原：太原科技大学，2018.

［46］Wang Jianmei, Xia Quanzhi, Ma Yang, et al. Interfacial bonding energy on the interface between ZChSnSb/Sn alloy layer and steel body at microscale［J］. Materials, 2017, 10（10）：11-12.

［47］张胜全，王一纯，张博，等. 显微激冷处理对 ZChSnSb11-6 合金组织性能的影响［J］. 热加工工艺，2016（17）：88-90.

［48］薛亚文. 油膜轴承巴氏合金蠕变特性与寿命研究［D］. 太原：太原科技大学，2014.

［49］Zhou F M, Zhang Q Y, Shi M X, et al. Microstructure and tribological behavior of tungsten inert gas welding arc brazing tin-based babbit［J］. Rare Metals, 2017（7）：1-7.

［50］Wang Jianmei, Meng Fanning, Li Zhixiong, et al. Research on interface bonding energy of multi-layer model on ZChSnSb/$FeSn_2$/Steel［J］. Tribology International, 2018, 123（7）：37-42.